A Complaint Free World

不抱怨的世界

[美] 威尔·鲍温（Will Bowen） 著
陈剑华 汤皓云 译

中信出版集团 | 北京

图书在版编目（CIP）数据

不抱怨的世界 /（美）威尔·鲍温著；陈剑华，汤皓云译. -- 北京：中信出版社，2025. 1. -- ISBN 978-7-5217-7023-0

Ⅰ．B821-49

中国国家版本馆 CIP 数据核字第 2024LR2829 号

A complaint free world : stop complaining, start living by Will Bowen
Copyright © 2007, 2013, 2023 by Will Bowen
All rights reserved including the right of reproduction in whole or in part in any form.
This edition published by arrangement with Harmony Books, an imprint of Random House, a division of Penguin Random House LLC.
Simplified Chinese translation copyright © 2024 by CITIC Press Corporation
ALL RIGHTS RESERVED
本书仅限中国大陆地区发行销售

不抱怨的世界
著者： ［美］威尔·鲍温
译者： 陈剑华 汤皓云
出版发行：中信出版集团股份有限公司
（北京市朝阳区东三环北路 27 号嘉铭中心 邮编 100020）
承印者： 嘉业印刷（天津）有限公司

开本：880mm×1230mm 1/32 印张：9.5 字数：159 千字
版次：2025 年 1 月第 1 版 印次：2025 年 1 月第 1 次印刷
京权图字：01-2024-5627 书号：ISBN 978-7-5217-7023-0
定价：49.90 元

版权所有·侵权必究
如有印刷、装订问题，本公司负责调换。
服务热线：400-600-8099
投稿邮箱：author@citicpub.com

写给我的女儿——莉娅。

她是我的明灯，我的朋友，也是我的搭档，

我们一起让不抱怨运动在未来一代中继续发展壮大。

目 录

译者序　　VII
序言　　XI
前言　　XVII

第一部分：无意识的无能

在无意识的无能阶段，你可能不知道自己抱怨了多少。你可能随时随地抱怨生活中的困难和问题，然后惊讶地发现有更多的困难和问题出现。这是行动上的吸引力法则。当你经历了这个阶段，把抱怨抛在脑后，你会不再关注自己受到的伤害并喊痛，你会吸引快乐而不是痛苦。

3　　**第一章　我怨故我在**
抱怨和陈述事实的区别在于你传递的能量。"今天真热"是对事实的陈述。沉重叹息后的一声哀叹"今天真热"，就是抱怨。

33　　**第二章　抱怨与健康**
三分之二的疾病源于我们的思想，或因我们的思想而恶化。我们内心相信什么，我们的身体就会表现出来什么。

第二部分：有意识的无能

在有意识的无能阶段，你可能会不太舒服地意识到自己有多常抱怨。你开始注意到自己在抱怨，但抱怨已经发生，而且似乎无法停止。如果你感觉不舒服，很好！这种不舒服意味着你在进步。耐心一点。当你做出改变时，有很多好处等着你。

49　　　　　　　　　　**第三章　抱怨与人际关系**

向某人抱怨会降低关系中的能量，而抱怨某人会让你在那个人身上寻找更多可抱怨的地方。人们快乐与否通常与关系中有多少抱怨有关。

73　　　　　　　　　　**第四章　我们为什么抱怨**

人们抱怨的五大原因是：(1)获得关注；(2)推卸责任；(3)引人艳羡；(4)获得权力；(5)为糟糕表现找借口。

109　　　　　　　　　**第五章　觉醒时刻**

让生活中的困难成为你攀登的阶梯，唤醒你内心和周围的美好。专注于此，原谅他人，然后你就会过上更快乐、更健康的生活。

第三部分：有意识的有能

在有意识的有能阶段，你开始能意识到你说的每句话。你移动手环的频率要低得多，因为你说话时非常小心。你说话时用词更加积极，因为你会在还没说出口之前就咽下那些消极的话。紫色手环从此变成了一个"过滤器"，过滤你说出的每个词。

127　　**第六章　沉默与怨言**

如果你不知道有什么好话可以说，那就练习沉默，什么也别说。如果你说了什么，请确保你说出的话不是抱怨。

149　　**第七章　批评与讽刺**

批评和讽刺是两种隐蔽且有害的抱怨形式，它们本质上都是攻击。人们在受到攻击时，只有两种选择：战斗或逃跑。

161　　**第八章　如果你快乐就按喇叭**

我们总是以为等到把所有的问题都解决了自己就会快乐了，但问题总是源源不断的。你可以选择不抱怨，选择享受当下的快乐。

177　　**第九章　承诺，然后行动**

生活充满困难的时候，正是你接受不抱怨挑战的时候。但仅仅接受挑战是不够的，你必须坚持下去！你的生活将因此改善。

第四部分：无意识的有能

在无意识的有能阶段，你不再只关注伤害并喊痛，而是把心思都放在你想要的东西上。不仅你自己更快乐，你周围的人也会更快乐。你会开始为了微不足道的小事而感恩，你的财务状况可能也会跟着改善，你会收到这个宇宙对你的盛大祝福。

193　　第十章　好运来临

抱怨的反义词是感恩。每天花点时间写一张感恩清单吧，感谢生活中美好的事情，好运最终一定会来临。

213　　第十一章　不抱怨挑战的真实故事

"你嘴上不诉苦，就没有人能可怜你。"一切都取决于你自己。

结　语　择善而从　　239
致　谢　　　　　　　255
译后记　　　　　　　257

经《堪萨斯城星报》许可转载
2007年《堪萨斯城星报》(Kansas City Star)版权所有

译者序

陈剑华

上海市精神卫生中心主任医师、上海交通大学医学院研究员

亲爱的读者们,在这个喧嚣的世界中,我们每个人都走在自己的道路上,面对着形形色色的挑战和难题。保持平和的心态,对我们的心理健康至关重要。正是在这样的背景下,我有幸翻译了《不抱怨的世界》这本书,带着一份使命感,我希望能与大家分享这种不抱怨的生活艺术。

这本书以朴实无华却深入人心的方式,向我们阐释了抱怨如何悄然侵蚀我们的生活质量，以及如何通过改变这一习惯来提升我们的幸福感。作为一名精神科医生，我深知情绪的调整对个体心理健康的重要性，但这本书让我认识到，积极的语言和思维模式对维护心理平衡同样不可或缺。书中提倡的积极态度，就像是一束光，照亮了我们前行的道路，让我们即使在困境中也能找到希望。

不抱怨并不意味着压抑真实情感，而是鼓励我们以更加具有建设性的方式来表达自己，用开放和乐观的心态去面对生活中的风风雨雨。作者建议的紫色手环练习，是一种简单却有效的方法，帮助我们意识到并改变日常的抱怨习惯。

语言是心灵的窗户，它可以是温暖的阳光，也可以是刺骨的寒风。一句良言能够温暖人心，而无休止的抱怨则可能熄灭希望之光。古人云："良言一句三冬暖，恶语伤人六月寒。"我们的言语，拥有塑造现实的力量。孔子亦曾言："不怨天，不尤人。"这些智慧的言语提醒我们，在面对逆境时，保持平和的心态，不抱怨，不责怪。

书中还特别强调了感恩的力量。感恩不仅是一种积极的情绪，更是一种生活的态度。在临床实践中，如果患者能发现并感激生活中的美好，往往会出现意想不到的积极变化。

通过接受现实，减少内心的抵抗，我们能更加专注于自己能够控制和改变的事物。这种接受与承诺的态度，有助于我们构建更加健康和积极的心理状态。

在翻译这本书的过程中，我深刻体会到语言和思维模式对我们心理健康的深远影响。减少抱怨，用积极的语言来替代抱怨，不仅能够改善我们的情绪状态，还能够提升我们的生活质量。愿这本书能成为您生活中的温馨陪伴，提醒您用平和的心去拥抱生活的每一刻。

祝您阅读愉快，身心健康！

陈剑华　敬上

序　言

不抱怨运动有一个愿景，那就是让世界上百分之一的人参加为期21天的不抱怨挑战。我们相信，如果能改变世界上哪怕百分之一的人的态度，让他们变得更加积极，那么这件事产生的涟漪效应也将会增强每个人不抱怨的意识。

直到我开始写本书时，全球已有超过1500万人戴上了我们不抱怨运动的紫色手环，并接受了21天不抱怨挑战。

2009年，我们就快达成分发600万个紫色手环的里程碑，我用自己这段生活经历证明，一心一意地专注于某件事，就一定能够使其成为现实。我想把第600万个手环送给启发我们开始这个运动的人——玛雅·安杰卢博士，她的言行举止是不抱怨生活的典范，她是总统自由勋章获得者、畅销书作者，还是奥普拉·温弗瑞的导师。

在不抱怨运动刚开始时，我们引用了玛雅·安杰卢的一句话作为我们的座右铭："如果你不喜欢某件事，就去改变它；如果你无法改变它，就改变自己的态度。不要抱怨。"

但问题来了，我们团队中没有人认识玛雅·安杰卢。经过我的调查发现，曾有许多作家和非营利组织试图联系她，但都以失败告终。我也联系了相关出版商和代理商，但依旧一无所获。

那个时候，我们本可以放弃，或至少可以开始考虑其他人选，但我们没有却步。相反，我开始告诉人们，我将亲自把第 600 万个不抱怨手环送给玛雅·安杰卢。听到我这样说，许多人都会问："你怎么认识她的？"对此，我诚实地回答："我不认识。"

"那你要怎么见到她，去给她送手环呢？"

我再一次诚实地回答："我不知道。但这一定会发生的。"

我一有空，就想象自己见到了安杰卢博士。我曾在电视上见过她，那是 1993 年，她在克林顿总统的就职典礼上朗诵自己的诗作《于清晨的脉搏中》（*On the Pulse of Morning*）。我知道她是奥普拉·温弗瑞的导师，我知道她是一位著名作家和教育家，但我不认识她，我也不认识任何认识她的人。尽管如此，每当有人问不抱怨运动进展如何，我都会满腔热情地告诉他们，我会将第600万个手环送给玛雅·安杰卢。这是我坚定的信仰！

> 抱怨让施暴者知道受害者就在附近。
>
> ——玛雅·安杰卢

在堪萨斯城的一个会议上，我撞见一个老朋友，并向她说起我的想法。她没有问我是怎么知道安杰卢博士的，也没有问我打算如何做到这一切。相反，她在微笑着准备离开时，简单地回了一句："代我向她问好。"

我猛地扭过头，几乎大喊着问她："你认识玛雅·安杰卢？"

"有次她来镇上演讲时，我约过她，"她回答道，"之后我一直和她的侄子保持联系。"

于是我滔滔不绝地讲述了我们为联系安杰卢博士所做的尝试，以及我们是如何屡屡碰壁的。

"我无法保证让你见到她，"她说，"但是我会尽我所能帮你做些什么。"

几个星期后，我不仅见到了安杰卢博士，还来到她位于北卡罗来纳州温斯顿塞勒姆的家中，和她一起度过了一个愉快的下午。

这是怎么发生的？

有什么要紧的呢！

我只是单纯基于信念做了一个决定，哪怕这个决定似乎远超我的能力范围。正因为我没有放弃这个想法，还把它看作板上钉钉的事，看成一个既成事实，它就这样发生了。

我不仅认准了自己将会见到安杰卢博士，会把第600万个手环送给她以表敬意，还把这种意志传递给世界，告诉别人这不只是一种可能性，而是一定会发生的事。

当我见到安杰卢博士时，我们讨论了不抱怨的世界这一构想。然后我问她，如果地球上有百分之一的人戒掉抱怨的习惯，世界会有什么不同。

她回答说：

如果世界上百分之一的人不再抱怨，我认为世界会变成什么样子？

过去有人说："即使是天才，也最多只能使用18%的大脑。"但如今，生理学家说，没有哪个天才能使用超过10%的大脑，而我们当中绝大多数人大概只能使用5%、6%或者7%。

如果到了有那么多人不再抱怨时，我们还活着，还能去思考未来，还能有足够的勇气去关心彼此，有足够的勇气去爱，想象一下我们会是什么样子。

会发生什么呢？

我告诉你一件事。我认为"战争"将会被一笑置之。我想到的正是这个词……战争。

如果有人说："战争？你是说只是因为某个人不同意我的观点，我就该去杀了他吗？哈！我不这么认为！"

试想一下，人们将会更友善地互相交谈。在生活的细微之处，在客厅、卧室、孩子们的房间和厨房里，人们都将彬彬有礼。

如果世界上有百分之一的人不再抱怨，我们将会更关心孩子们，还会意识到每一个孩子都是我们的孩子，无论他是黑皮肤还是白皮肤，长得漂亮还是普通，是穆斯林还是犹太人——每一个都是我们的孩子。

如果有百分之一的人不再抱怨，我们将不再为自己的错误责怪别人，也不会因为我们自顾自地觉得是别人的错而对他们心怀怨恨。

想象一下，如果我们更常欢笑，如果我们有十足的勇气去触碰彼此，那将是天堂初现的征兆——一切都始于现在。

送给玛雅·安杰卢博士第600万个不抱怨手环

前　言

> 如果你不喜欢某件事，就去改变它；
>
> 如果你无法改变它，就改变自己的态度。
>
> 不要抱怨。
>
> ——玛雅·安杰卢

改变人生的秘密，其实就掌握在你手中。

从我第一次写下这些文字到现在已经过去了18年，而如今我比以往任何时候都更加确信这就是真理。在过去的18年中，106个国家和地区的1500多万人接受了21天不抱怨挑战，结果这改变了他们的家庭、工作、教会、学校活动，最重要的是，他们改变了自己的人生。

做法很简单，他们在手腕上戴上一只紫色的硅胶手环，每次抱怨时就把手环换到另一只手上，直到连续21天没有抱怨、批评或说别人闲话。这样一来，他们就养成了一个强大的、足以改变人生的新习惯。通过有意识地改变自己的言辞，他们改变了想法，并开始有计划地创造自己的生活。

也许你会好奇这一切是如何开始的，我很想把这一切归功于自己，但事实上，并不是我创造了不抱怨运动，而是它创造了我！

2006年，我在密苏里州堪萨斯城的一个小教堂担任牧师，做了一系列关于埃德韦娜·盖恩斯的著作《繁荣的四大心灵法则》(The Four Spiritual Laws of Prosperity)的讲座。在书中，盖恩斯指出，几乎所有人都声称自己想要过上富足的生活，但他们把大部分时间用在了抱怨自己已经拥有的东西上，而这样做只会适得其反。

抱怨从不会帮助你得到想要的东西，相反，它会使你难以摆脱你不想要的东西。

人们总是渴望拥有更多，这很正常。当你问他们"拥有更多"是指什么，他们的回答通常会是各种"更多"。他们会说:"我想要更多的钱、更多的爱、更加健康、更多的自由时间……"但即使人们迫切地渴求"更多",他们也在抱怨已经拥有的东西。

正如韦恩·戴尔所言:"如果你并不喜欢某样自己已然拥有的事物,何苦想要更多呢?"通往富足生活的第一步是对已经拥有的东西心怀感恩——你不可能对某样东西既心怀感恩,又不停抱怨。

不抱怨运动开始后,发生了许多事情。我们不仅在全球范围内赠送了超过1500万个紫色手环,还被特别邀请参加《奥普拉·温弗瑞秀》《ABC世界新闻》、美国全国广播公司的《今日秀》(两次)和美国哥伦比亚广播公司的《星期日早晨》,并登上了美国国家公共广播电台。

> 人们是能够对自己得到的东西心存感恩的,而非一味抱怨还有自己得不到的东西。感恩和抱怨是两种生活习惯。
>
> ——伊丽莎白·埃利奥特

关于不抱怨现象的报道出现在《新闻周刊》《心灵鸡汤》《华尔街日报》《人物》《好管家》,以及世界各地的书籍和期刊中。

斯蒂芬·科尔伯特曾在其脱口秀节目《科尔伯特报告》中批评我们。丹尼斯·米勒也曾开玩笑说他不喜欢我们手环的颜色，挑剔无辜的手环真是典型的米勒式玩笑。在《60分钟》节目中，安迪·鲁尼打趣道："如果这家伙得逞了，我就失业了。"

奥普拉·温弗瑞让她的化妆师试着用我们的手环戒掉发牢骚的毛病。此外奥普拉《O》杂志（南非版）还向读者分发了5万个我们的手环。

美国国会已经两次提议把感恩节的前一天定为"不抱怨星期三"，以此作为从不抱怨日过渡到全国感恩节的一种方式。此外，美国大大小小数十个城市已经通过了决议，在市政府中实行"不抱怨星期三"。

我们为学校研发的不抱怨课程被世界各地数千所学校的教师采用，改变了许多学生的生活。

大大小小的企业借助我们的不抱怨企业计划来提振士气，从而降低了员工流失率并增加了利润，即使是在过去经济如过山车般波动的18年中也是如此。

有不同信仰的教会也向会众介绍了我们的不抱怨运动，给人们带来了更大的幸福与和谐。事实上，我最近到一家印度餐馆吃午餐，那里所有的员工都戴着我们的不抱怨手环。我问一位服务员他的手环是哪里来的，他回答说："我们的印度教寺庙给的。"

我曾受邀去世界各地做主题演讲,到银行、保险公司、信用合作社、软件公司、直销公司、汽车制造商、大型会计师事务所、全国学校协会、政府机构、公共事业公司和医院演讲,有时听众多达五千人。

由于这一运动的影响,我很幸运地看到我的五本书都成了全球畅销书。

人们常常问我:"一开始的时候,你有没有想到不抱怨的世界的想法会有如此大的反响?"

我诚实地回答道:"没有。"

我试图弄清楚,当年密苏里州一间小教堂里的一名默默无闻的牧师,是如何引发这影响全世界的冲击波的,我相信有两个原因:

其一,这个世界上的抱怨实在是太多了;
其二,这个世界跟我们理想中的样子不一样。

最关键的是,这两者是相关的。正如我们的抱怨所证明的那样,我们总是忙于关注世界上的各种问题,而这也在不断地制造问题。

我们纠结于是什么出了错，抱怨一切，可问题反而越来越多。与普遍看法相反，抱怨并不能解决我们的问题。抱怨只会使我们的挑战变得更加具体，让我们为自己的不作为找借口。

自从我在2008年写了本书的第一版，人们已经对抱怨给我们的生活和社会带来的负面影响做了很多研究。在内心深处，我们都知道长时间和消极的人相处会给心灵造成沉重负担，这也被一项针对一群高中女生的研究项目所证实。

研究人员选定了几个每天在学校一起吃午餐的女孩，吃饭的时候，她们总在抱怨。她们会抱怨自己的父母、老师、家庭作业——任何事情都可以是她们发牢骚的对象。

真正的高贵在于比从前的自己更优秀。

——W. L. 谢尔登

有趣的是，有一天那个被研究人员认定为最爱抱怨的女孩没有去上学。

你猜，当她不在的时候其他女孩在抱怨什么？猜对了——正是那个缺席的女孩！整个午餐时间，她们都在抱怨那个缺席的女孩是多么消极。

可以看出，即使是惯于抱怨的人也会对不停抱怨感到厌恶。

此外，抱怨会对人产生负面影响。在美国心理学会发表在《发展心理学》杂志上的一项研究中，研究人员对中西部地区813名三年级到九年级的学生进行了为期6个月的随访。学生们被问及谁是他们最亲密的朋友，以及他们最常讨论什么。结果显示，过多谈论自己的困难（即进行情感发泄）的女孩更有可能出现焦虑或抑郁的症状。反过来，这也相应地导致她们更多地谈论困难和消极情绪，引起更多的情感发泄，最终导致更多的不满和越来越多的问题。

现在，在你继续阅读之前，我应该提醒你：通过阅读本书，你会更容易意识到消极情绪和抱怨的存在。事实上，这就好像有人在你的世界里放大了抱怨的音量。然而，一旦你意识到这些，你就可以选择是否还要抱怨。而且，在读完本书之后，你可能就不想再抱怨了。

我在南卡罗来纳州长大，在我还是个孩子时，几乎所有人都抽烟。我还记得去儿科医生那里检查哮喘的情景。经验丰富的卡斯尔斯医生会把听诊器放在我的胸部，让我跟着指示呼吸："深呼吸。"做这些时，医生也喘息着，因为我看病时他的嘴里总叼着一支烟。

> 牢骚和抱怨是没有灵魂、才智低下者的最明确的症状。
>
> ——杰弗里勋爵

那时大多数人，甚至给小男孩治疗哮喘的医生都吸烟。所有人和所有东西——人们的衣服、头发、呼吸、房子、家具和汽车，办公室，电影院，还有很多地方——都有难闻的烟味。然而，我们已经习惯了，几乎注意不到。如今，美国几乎所有的公共场所都禁止吸烟。如果你去了一个仍然可以随意吸烟的国家，你会震惊地发现无孔不入的烟味是多么刺鼻和讨厌。而这些国家的人们，就像几十年前的美国人一样，意识不到那刺鼻的气味。

通过你的不抱怨之旅，你会开始注意到大多数人的态度和言语是多么消极，甚至你自己也是！消极性本就存在，只不过这也许是你第一次意识到它。现在，抱怨就像烟味，它时刻笼罩着你，但你将开始注意到它。

不仅如此，如果你仔细观察，你甚至会注意到我所说的"消极时尚"。

举个例子，成为专业演讲者的一大好处，就是我的很多活动都在奥兰多举行，这意味着我可以经常带我女儿去迪士尼乐园玩。几个月前,我想在那里给自己买一件印有开心果(七个小矮人中的一个)的T恤。我们穿过整个魔法王国,走进每一家看到的礼品店,但很多跟七个小矮人有关的T恤上都只印着其中一个小矮人——并不是我想要的那个。每到一个迪士尼乐园,我都会去许多礼品店翻找,但都没找到我想要的印着开心果的T恤,我看见的是数百个衬衫、帽子、马克杯、夹克、毛衣、连帽衫和贴纸上,都醒目地印着爱生气(另一个小矮人)的脸。

这就是消极时尚。最后一天,在我们准备离开迪士尼乐园时,我不禁感叹道:"多可悲啊,似乎连'地球上最快乐的地方'也都变得爱抱怨。"

而在看所谓的"新闻"时,你才会真正意识到我们对消极性的偏爱。

几年前,我受邀为加拿大一个经济遭遇困难的大城市的居民做演讲。在我演讲的那天,我应邀与市长和该市的其他重要人物共进午餐,包括当地报纸的出版人。我们主要讨论了乐观思考和正向表达的重要性,之后那名出版人凑到我身边,不好意思地低声说:"威尔,虽然我不愿承认,但如果我们的头条写'危机!',销量将会大大超过写'好消息!',十有八九是这样。"

> 凡所行的，都不要发怨言，起争论。
>
> ——《腓立比书》2：14

我告诉那位出版人不必觉得内疚，又不是他告诉这座城市的市民该买哪份报纸。他和其他媒体人只不过是找到了一种方法去利用人们内心的消极偏见。正是这种消极偏见帮助智人这一物种生存至今，因为寻找不对劲、不好和可能有害的东西，避开威胁和潜在的危险，对我们来说更为安全。不幸的是，这种消极的心理倾向并没有随着我们的进化消失，所以尽管如今我们生存的环境要比自己的祖先安全得多，人们还总是沉浸在担忧、恐惧和焦虑中。

所有的新闻媒体，不管是传统媒体还是社交媒体，都在利用这种消极偏见。由于我们天生更倾向于关注负面事件，媒体带给我们的更多是坏消息而不是好消息。

从表面上看，媒体报道新闻的目的是打造一个消息灵通的选区。长期以来，人们一直认为新闻能帮人们选择把选票投给谁，以创造一个更美好的社会。然而，由于确认偏差，也就是人们倾向于关注能证实自己现有观点的新闻，因此人们不会接触到对立的观点。

消极偏见让我们对坏消息更感兴趣，确认偏差让我们只看与自己世界观一致的新闻，这一切都让我们陷入消极的回声室。

我最近在播客上听到对一位杰出的新闻媒体专家的采访，他表示"其实新闻仅仅是娱乐"，接着他继续将"娱乐"定义为"令人震惊和惊讶的事情"。最让我们震惊和惊讶的是坏消息，所以我们不断去看、去听、去读关于人性最坏的故事。

畅销书作家埃丝特·希克斯说过，如果新闻能忠实地反映每天发生的事件，那么一个30分钟的新闻节目，好消息应该占29分59秒，而坏消息只能在一秒内一闪而过。但我们所说的"新闻"其实就是坏消息。为了你的不抱怨之旅有最大的收获，我鼓励你停止观看、收听或阅读坏消息。

不用担心，如果真的有重大事件发生，会有人告诉你的。这一点在迈克尔·杰克逊过世的那天就被证实了。当时我在坦桑尼亚的姆万扎，那天一早，我去献血，设备管理员跑过来告诉我杰克逊的死讯。你看，即使我在世界的另一端，仍有人能让我知道迈克尔·杰克逊过世了。所以如果有重大事件发生——尤其是某些负面事件——其他人会很想让你知道。

你必须开始像对待花园一样对待你的大脑。在《做你想做的人》（*As a Man Thinketh*）一书中，詹姆斯·艾伦说得很精彩：

一个人的头脑就像一座花园，你可以仔细呵护培育它，也可以任它自生自灭。不管你对它是细心呵护还是放任自流，花园里都一定会长点什么东西。如果不播下有益的种子，那么大量无用的杂草种子就会在花园里生根发芽，并且生长出更多没用的东西。

消极思想就像我们通过抱怨播撒在这个世界上的种子，它们会生根发芽。因此，你要保护、守卫自己的思想，保护你的思想不受他人的消极情绪和人们所谓的"新闻"影响。并且，从现在开始，不要再做出抨击性的批评；相反，提些建设性的意见吧。

永远不要忘记，你的思想创造了你的生活，你的言语表明了你的思想。要让你的思想和言语保持积极。

不幸的是，人们对积极思考的含义普遍有一种误解。

有一次，一家行业协会邀请我在晚宴后发表演讲。出席会议的人可以自行选择在任意地方吃晚餐，然后重新集合来听我的演讲。

我一个人坐在附近的一家餐馆里，无意中听到我隔壁桌一些参加会议的人在交谈。

一个人问："下一个演讲的是谁？"

另一个人翻找会议议程，发出沙沙声，并回答说："嗯……

威尔·鲍温。"

> 无论命运之门多么狭窄，
> 也无论承受怎样的惩罚。
> 我，是我命运的主宰，
> 我，是我灵魂的统帅。
>
> ——威廉·欧内斯特·亨利

第一个人问："威尔·鲍温？他是谁？"

她的同伴回答道："不知道，我猜是某个鼓吹积极思考的人吧。"

她说"积极思考"这个词的方式让这听起来是件可怕的事情，好像这几个字让她觉得很不是滋味。

出于好奇，我打开手机，搜索了一下"积极"（positive）这个词的定义。我惊讶地发现，在谷歌上搜索"positive"这个词时，出现的第一个定义是"present"，意为当前的、现有的、在场的。而"negative"（消极）的第一个含义是"absent"，意为缺失的、缺席的、消失不见的。

积极思考往往是关于什么是现有的，以及什么是有效的；而消极思考（和抱怨）则总是关注什么出了错，以及我们失去了什么。

人们常把积极思考和盲目乐观混为一谈，好像积极地表达就是在说："所有的事情最终都会完美地解决。"

这不是积极思考，这是无知，因为事情不会总是完美地解决。积极的态度是接受现有的情况，并且尽你所能做到最好，而不是抱怨和纠结于失去的东西。

理解了积极思考的真正本质，也就否定了"有毒的积极"这一概念。"有毒的积极"忽视了人们正在面临的痛苦和挣扎，只是说些类似于"事情总会朝着最好的方向发展"这样的风凉话。然而，真正的积极思考是认清当前情况有多么困难，然后思考此刻做些什么能够让事情变得更好。

而这一切都始于你自己的思想。几千年来，许多伟大哲学家和智者都告诉过我们这个道理。

照你的信心，给你成全了。

——《马太福音》8：13

宇宙即变化，我们的人生由我们的想法创造。

——马可·奥勒留

诸法皆以心前导，心是主宰，诸法唯心造。

——佛教箴言

改变想法就能改变世界。

——诺曼·文森特·皮尔

你是今天的思想所造就的模样,也将被明天的思想牵引着向前走。

——詹姆斯·艾伦

我们会变成我们所想的样子。

——厄尔·奈廷格尔

道德文化的最高层次,就是当我们察觉自己应该控制思想之时。

——查尔斯·达尔文

为什么我们就是命运的主人、灵魂的统帅呢?因为我们有控制自己思想的力量。

——阿尔弗雷德·A.孟塔佩托

记住,你的思想创造你的言语,而你的言语塑造你的现实。换句话说,你所表达的,就是你所表现的。

人们处于积极或消极交相存在的连续状态中。在与世界各地成千上万的人交谈后,从未有人对我说:"我会是你见过的最消极的人。"人们似乎对自己是乐观还是悲观都有盲点。他们的言辞可能向他人透露了自己的态度,但他们自己却全然不知。他们可能会不断抱怨——在我完成 21 天不抱怨挑战之前，我也是其中之一——但是大多数人，包括我自己在内，都认为自己是积极向上和乐观的人。

想要有意识地创造生活，控制我们的言语至关重要。不抱怨手环不是戴在手腕上、用来告诉别人你支持不抱怨的生活的标志。这不是代表结果的手环，而是一个正念的工具。它会让你意识到你何时、多久抱怨一次，这样你才可以停止抱怨。

当你一次又一次地把你的手环从一只手腕移到另一只手腕上时，你会注意到你的言语。这样一来，你将会意识到你的思想。紫色手环是为你的消极情绪设置的陷阱，让你能及时捕捉、赶走它们，让它们永远不再回来。

> 保持感恩，你将拥有更多值得感激的事情；如果抱怨，你将会引来更多要抱怨的事情。
>
> ——齐格·齐格勒

我想，你一定无法说出一个坚持不抱怨，但生活状况没有得到改善的人。变得更健康、创造更圆满的关系、拥有更好的工作、变得更平静快乐……听起来很棒吧？这些不但可能发生，而且很有希望实现。有意识地努力去改造心灵并不容易，但你可以现在就开始,而且用不了多久——反正时间会一直流逝——你就能拥有自己梦寐以求的人生。

21天不抱怨挑战是这样的:

　　1. 将你的不抱怨手环戴在任意一只手的手腕上。现在你开始了连续21天旅程的第一天。

　　2. 当你发现(不是如果发现)自己在抱怨、批评、讲闲话或挖苦别人,就把手环移到另一只手的手腕上,重新开始,也就是计数重新回到第一天。

　　3. 坚持下去。通常需要4到8个月的时间,你才能实现连续21天不抱怨。

为什么是21天?

许多人认为,养成一个新习惯需要大约21天的坚持。你的目标是让不抱怨成为一种习惯,成为你新的默认反应。

关键是不要气馁!如果你诚实地面对自己,你会发现你可能要花几天、几个星期,甚至几个月的时间才能到达第二天。然后你会抱怨,又回到第一天。但这次你不会花那么长的时间进入第二天,每一次微小的成功都会日积月累,让你更容易坚持下去。

大多数人的不抱怨之旅是这样的：第一天……第一天……第一天……一……一……一……一……一……一……一……一……一……一……一……第二天！回到第一天……第一天……第一天……第一天……第二天……第三天……第四天……第一天……第二天……第三天……第四天……第五天……第一天，等等。

有些人告诉我，他们要等到生活变好以后再努力不去抱怨。这太荒唐了。指望在生活改善之后才开始21天不抱怨挑战，就像等到有了好身材之后才开始节食和锻炼。

你想要改善你的生活？最可靠的、最好的工具就是一个不抱怨手环，甚至不一定非得是一个手环，你可以现在就在手腕上套一根橡皮筋或在口袋里放一枚硬币。每次抱怨时，把橡皮筋移到另一只手腕上或把硬币放到另一个口袋里。关键是要让身体形成一些反应，好让你意识到自己的抱怨。

> 如果你把用于抱怨的精力的十分之一用于解决问题，你会惊讶地发现事情原来这么容易解决。
> ——兰迪·保施

这里有一些成功的小窍门：

1. 在抱怨时移动手环。有些人试图在每次产生负面想法时就移动手环，这让事情变得比原本困难得多。人类平均每天会有四万五千种想法，并且由于消极偏见，我们的大多数想法都是消极的。但是，如果你坚持在每次张嘴抱怨时移动手环，你的思维会随着时间的推移而改变，去关注好的和有用的东西，而不是错误的和失去的东西。

2. 永远要知道今天是第几天。认真地想不再抱怨的人总是知道"我在第一天"或"我在第十二天"。失败的人会说"我想我在第八天吧，但不太确定"。如果你不知道你到了第几天，那说明你并没有认真对待这件事。

3. 不要管别人的手环。这与别人做什么或不做什么无关。如果你想指出另外一个人的抱怨，告诉他要移动手环，那就先移动你自己的手环！

记住，每次抱怨都移动手环。通常来说，每个人平均每天抱怨15到30次，所以要习惯移动手环。每次移动手环的动作会深深地印在你的意识里，让你意识到你的行为。当你能敏锐地意识到自己在抱怨时，你就会开始改变。

在本书中，你将了解人们抱怨的原因、抱怨是如何破坏你的生活的、人们抱怨的五个原因，以及如何让别人停止抱怨。最重要的是，你将学会如何从你的生活中根除这种有毒的表达方式。

正如我所提到的，到目前为止我们已经分发了超过1500万个不抱怨手环。如果你问我是否相信每个人都能坚持连续21天不抱怨，我的答案是否定的。我敢肯定，有些手环最终被丢进了抽屉中某个布满灰尘的角落。

减肥饮食类的书籍常年畅销，因为人们总是心血来潮地买来，按照书中推荐的方法尝试一段时间，然后发现减肥意味着必须付出努力并且保持克制，便放弃了。他们没有改变自己的饮食习惯，因此体重很快就会反弹，甚至变得比以前更重！于是他们再去买一本关于减肥的书，如此循环往复。

你可以读读本书，试试佩戴手环，放弃，然后再去尝试其他东西；或者，你也可以坚持下去，彻底改变你的人生。这是你的选择。

让我重复一遍前言最开始的那句话：改变人生的秘密，其实就掌握在你手中。记住，你现在是改善这个世界整体态度的全球运动中的一员。

而且这很有效。

> 如果面对坏事，我说"这种事为何偏偏落到我的头上"，那么面对好事，我也应该说，为什么这种事偏偏落到我的头上。
>
> ——阿瑟·阿什

　　想想看，如果每人每天平均要抱怨 15 到 30 次，也就是假设每人每天平均抱怨 23 次，而我们已经送出了 1500 万个不抱怨手环，即使只有一半人坚持下去，这个世界每天也会减少将近 1 亿 7300 万句抱怨。1 亿 7300 万！

　　激动吗？

　　你应该激动。你是这个正在改善每个人的生活的全球化运动的一分子。

第一部分

无意识的无能

在无意识的无能阶段,你可能不知道自己抱怨了多少。你可能随时随地抱怨生活中的困难和问题,然后惊讶地发现有更多的困难和问题出现。这是行动上的吸引力法则。当你经历了这个阶段,把抱怨抛在脑后,你会不再关注自己受到的伤害并喊痛,你会吸引快乐而不是痛苦。

第一章

我怨故我在

人类发明语言,来满足自己深切的抱怨需求。

——莉莉·汤姆林

抱怨是我们日常沟通中不可或缺的一部分,我们甚至很难知道自己是否在抱怨。很多时候,问题不在于你说了什么,而在于怎么说。

抱怨和陈述事实的区别在于你传递的能量。"今天真热"

是对事实的陈述。沉重叹息后的一声哀叹"今天真热",就是抱怨。

在《新世界》(*A New Earth*)一书中,埃克哈特·托利解释道:

> 告诉别人他犯了什么错误或有什么不足以便帮他改正,和直接抱怨是不一样的,不可以混淆。克制抱怨并不一定意味着要忍受不好的品质或行为。比如在餐厅吃饭时,你的汤凉了,需要再加热一下,把这告诉服务员是无关乎个人的——如果你就事论事,这往往是中立的。相对来说,"你怎么敢给我上冷汤?"是抱怨。

抱怨会散发出负能量。大多数抱怨是相似的,如"这不公平!"或是"这种事怎么会发生在我身上!"。就好像抱怨的人感觉到自己被某些人的行为或某些事攻击了,于是用抱怨反击,抱怨是对觉察到的不公正的反击。而陈述事实是一种中立的评论,目的是告知听者,而不是大声谴责或痛斥听者。

一般情况下,你可以通过语境区分抱怨和陈述事实。许多抱怨都是这样开始的:

当然会这样!

难道你不知道吗?

真倒霉!

我总是碰上这种事!

你能相信吗?

没人在乎……

又来了!

又是这样……

　　说出这些话的人总会把自己描绘成某种情况的受害者。然而,陈述事实是中立的,并没有这种负面的铺垫。陈述事实仅仅描述情况到底是什么,而不对情况做出负面评论。

　　抱怨自己的生活境遇并不是近来才出现的现象。两百多年前,本杰明·富兰克林说过:"不断抱怨是对我们所享受的舒适生活的最糟糕的回报。"富兰克林写下这句话时,世界上没有电灯、阿司匹林、青霉素、空调、汽车、飞机、智能手机,没有净化过的饮用水,也没有我们现在认为理所当然的各种现代社会下的便利和所谓的必需品。尽管如此,他仍觉得与他同时代的人太不知足。

　　有趣的是,随着生活变得越来越好,人们非但没有减少抱怨,反而抱怨得越来越多!从心理学角度讲,这是一种被称为享乐适应的心理机制造成的。一开始，快乐或愉悦的感觉很好，但随着时间的推移，我们习惯了这些事，不再从中获得快乐。曾经令人感到新鲜和兴奋的东西很快就成为所有人的期望，这逐渐演变成一种权利，甚至在我们没有意识到的情况下，以前从未拥有过的东西就变成了理所当然的需求。

生活在感恩的状态中是通往恩典的大门。

——阿里安娜·赫芬顿

我曾经听一位喜剧演员讲述自己乘坐首批配有机上 Wi-Fi 的飞机的经历，那时 Wi-Fi 还在测试阶段，乘客们兴奋地打开笔记本电脑和手机，在约 1 万米的高空中工作、阅读、回复电子邮件，或观看娱乐节目。在飞行途中，Wi-Fi 突然崩溃了，而且无法恢复，于是乘客们大声抱怨起来，抱怨自己失去了他们以前不可能拥有的东西。

在亚马逊于 2005 年 2 月 2 日向它的尊享会员推出免费次日达的服务之前，美国人不介意在网上购物后需等待一段时间才能收到货，也接受为了更快地收到包裹而支付额外费用。但尊享会员出现之后，次日达成为一种应得的权利，这意味着如果购买的商品没有在第二天送达，甚至是当天没有送达，人们就会抱怨!

这就解释了为什么有些国家的人拥有的财富和资源远不如我们,但往往比我们更快乐——他们只是期望更低。有一次,我带一批人去坦桑尼亚帮助当地建立一家儿童医院时,亲眼见证了这一点,我还在那里认识了一些我遇到过的最快乐的人。那里的人拥有得太少了,所以他们对现在拥有的一切心怀感激,并且他们不会认为那是理所应得的。因此,他们很少抱怨。

区分了特权和权利的是感恩。

——布琳·布朗

我一个朋友的妻子住在古巴一个偏僻的村庄。即使她足够幸运,一天也只能用几个小时的电。当地政府每个星期只开放供水一次,为此她不得不拼命地收集尽可能多的水。她常常找不到食物,也没有空调来缓解岛上的闷热。但同样,她比那些开着昂贵的车、啜饮着拿铁、住在有空调的大房子里的美国人要快乐得多,因为她的期望很低。

这并不是说,你不能在享受富足的同时保持快乐。关键是要记住,因为享乐适应,你得到的东西越多,你的期望将越高,而唯一能够让你避免成为一个爱抱怨的人的方法是学会感恩。

研究者认为，任何事都需要经过四个阶段才能真正做到。要成为不抱怨的人，就要历经每一个阶段，而且很抱歉，你不能跳步。你不可能快速完成或跳过这些阶段，直接实现永久的改变。每个人的经历有所不同，你可能在某些阶段比其他阶段费时更久，也可能会在一个阶段很轻松，然后在另一个阶段停滞不前。但只要你坚持下去，每次说出抱怨的话都移动你的手环，你将掌握不抱怨的技巧。

成功做到不抱怨的四个阶段是：

1. 无意识的无能
2. 有意识的无能
3. 有意识的有能
4. 无意识的有能

现在，你正处于无意识的无能阶段。你可能不知道（无意识）自己抱怨得很多（无能）。一般人一天可能会抱怨15到30次，但你可能无法意识到你在这个范围内的哪一端，还是完全不在这个范围之内。

假如一个女人掉了一个很重的东西，砸在脚上。疼痛涌上她的身体，她本能地喊道："哎哟！"这是合理的。当我们突然受伤时，喊痛是很正常的。

但是很多人习惯性地主动注意伤害并喊痛。他们随时随地抱怨生活中的困难和问题，然后惊讶地发现有更多的困难和问题出现。如果你大声喊痛，疼痛就会显露出来；如果你抱怨，你就会遇到更多可抱怨的事。这是行动上的吸引力法则。当你历经这些阶段，把抱怨抛在脑后，你将不再注意伤害并喊痛，你会吸引快乐而不是痛苦。

> 当你感到忧郁沮丧或者乖张任性，切记不要通过抱怨公之于众。
>
> ——塞缪尔·约翰逊

在《论伊顿公学的远景》（Ode on a Distant Prospect of Eton College）中，托马斯·格雷告诉我们一句格言："无知是福。"要成为一个不抱怨的人，你一开始会处在"无知"的福气中，因为你没有意识到自己抱怨得多么频繁，然后你会经历觉知和转变的混乱不安，最终获得真正的幸福。

无意识的无能和无意识的有能一样，都是一种状态。

为了掌握某种新能力，每个人都是从这里开始的。在无意识的无能阶段，你完全有潜力为自己做出伟大的事情做准备，你的前方就是令人兴奋的全新远景。你要做的就是愿意完成剩下的步骤，这将使你拥有一个不抱怨的人生，收获许多随之而来的回报。

有时人们会问我："威尔，你是说我任何时候都不能抱怨吗？"

我的回答是："你当然可以抱怨。"这有两个原因。

一是，我并不是要告诉你或者别人应该做什么。如果我这么做，就等同于我要试着改变你。这意味着我关注的是你身上我不喜欢的地方，我在表达对你的不满，言下之意就是抱怨。所以，你想做什么就做什么，这是你的选择。

二是，有时候，抱怨也是合理的。

现在，在你觉得发现了第二条的漏洞之前，想想"有时候"这个词，也请记住我和世界各地成千上万的人已经坚持了连续21天——那是完完整整的连续三个星期，或是连续的504小时——完全没有抱怨过。没有抱怨，一丁点也没有！在抱怨这件事上，我说的"有时候"的意思是"不经常"。

我们若是诚实地面对自己，就会发现生活中全然令人悲伤、痛苦或不满的事情是非常罕见的。当然，世界上有很多人的生活非常艰难，而且每个人都会经历艰难的时刻。

然而，如今很多人生活在人类历史上最安全、最健康也是最富足的时代。但他们做了些什么？抱怨！

抱怨很少是为了改善我们的处境。抱怨只是一大堆"听觉污染"，对我们的幸福快乐有害。

反省一下自己。当你抱怨（表达悲伤、痛苦或不满）时，情况有那么严重吗？你经常抱怨吗？或者你只是无病呻吟？

要想成为一个快乐的人，按照自己的规划生活，你就需要给自己表达的悲伤、痛苦或不满设定一个非常高的阈值。下次你要抱怨时，就先问问自己，你的处境有没有像我那时那般艰难。

>没有我的允许，任何人都不能伤害我。
>
>——甘地

当时我正坐在家里的办公室中写作。我家在一条路的急转弯处，司机们必须在这里放慢速度驶过弯道。但就在离我家不到 200 米远的地方，这条市区道路就变成高速公路，限速从 40 千米/小时提升到了约 88 千米/小时。由于弯道和限速，汽车在我家门前会减速，然后猛地加速出城；或者会冲进镇上，在我家门前急刹车。要不是有这个弯道，我家门前将是一个非常危险的地方。

一个温暖的春日午后，蕾丝窗帘在微风中有节奏地拍打着。突然，一个声音把我从工作中拽了出来——那是砰的一声巨响，接着是一声尖叫。那不是人的叫声，而是动物。每个动物，就像每个人一样，都有独特的声音，而我对这个声音再熟悉不过了，那是我们的长毛金毛寻回犬——金吉尔。

通常，我们不会想到狗会尖叫。它们会吠叫、号叫、呜咽——没错，但鲜少尖叫。尽管如此，金吉尔此刻就是在尖叫。它在我家门前过马路时被车撞了，就躺在离我家窗户不到6米的路边，痛苦地尖叫着。我大喊着跑过客厅到门外，后面跟着我的女儿莉娅。莉娅当时才6岁。

我们跑到金吉尔身边，可以看出它伤得很重。它试着用前腿站起来，但后腿似乎帮不上什么忙，只能一遍又一遍痛苦地号叫着。邻居纷纷从家中赶来看是什么引起了骚乱。莉娅愣在原地，只是不停地叫着它的名字："金吉尔……金吉尔……"泪水顺着她的脸颊流下来，浸湿了衬衫。

我环顾四周，寻找撞伤金吉尔的司机，却不见半个人影。然后我抬头看见一辆卡车牵引着拖车驶离城镇，加速爬上山顶，速度一定超过88千米/小时。尽管我们的狗痛苦不堪地躺在那里，我的女儿哭得可怜，但我一心只想和撞到金吉尔的人当面算账。"怎么能有人干了这种事，但就这么开走了呢？"

我生气地说，"他必须减速才能过弯道。他肯定看到了我们的狗，他一定知道发生了什么事！"

我跳上车子飞速冲出停车道，扬起一片灰尘和砾石。我在崎岖不平的道路上狂飙，96千米/小时、120千米/小时、133千米/小时，去追那个撞了莉娅的狗却扬长而去的人。我在颠簸的路面上疾驰，甚至开始感觉车子好像在地面上飘了起来。那一刻，我稍微冷静下来，意识到如果我在开车时丧命，我的家人会更加痛苦。于是我放慢了车速，刚好控制在能使我和那辆车慢慢靠近的速度。

卡车拐进了停车道，并没有发现我在后面追赶。司机穿着破旧的衬衫和肮脏的牛仔裤，脚步轻快地跳下卡车。他那顶印着粗俗俏皮话的油腻腻的棒球帽向后推在他晒黑的额头上。我在他后面刹车停住，跳出车大叫道："你撞到我的狗了！"那人转过身来嘲弄地看着我，一副听不懂我在说什么的样子。

愤怒使血气冲上我的耳朵，我无法确定自己是不是真的听到他说："我知道我撞了你的狗。你打算怎么样？"

过了一会儿，他那番话带来的震惊才逐渐消失。在好像重新回到现实世界后，我结结巴巴地说："什么？你说什么？"

他微笑着，好像在纠正一个搞不清状况的孩子，然后又慢条斯理、从容不迫地说了一遍："我知道我撞了你的狗，你究竟想怎么样?"

我气得仿佛什么都看不到。我的脑海中浮现出后视镜里，莉娅耷拉着肩膀，站在痛苦扭动着的金吉尔身边抽泣的样子。

"举起手来!"我喊道。

"什么?"他问，在我面前挺直身子，讽刺地咧嘴笑着。

"举起手来，"我又说了一遍，"咱俩打一架!我要杀了你!"

就在几分钟前，当我怒气冲冲地追捕这个家伙时，理性让我不至于因为开太快而送命。但现在，他伤害了我们心爱的金吉尔，甚至很可能让它重伤致死，还讲出这种轻蔑、不屑一顾的话。我的理智彻底消散。

我成年后还从未打过架。我不相信打架能解决问题，也不确定自己是否知道怎么打架。但是我确实想打死这个人。我气得失去理智，也不在乎最后会不会坐牢。

"我不会跟你打，"他说，"这位先生，如果你打我，那就是故意伤害。"

我目瞪口呆地站在那里，举着双臂，紧握的拳头就像钻石一样坚硬。

"咱俩打一架!"我要求道。

"不，先生。"他一边说着，一边露出所剩无几的牙齿微笑着,"我不会这么做的。如果你打我,那就是故意伤害。"

他转过身,慢悠悠地走开了。我站在那里浑身发抖,愤怒正在侵蚀我的血液。

我不记得我是如何开车回去的。我不记得我是如何把金吉尔抱起来去看兽医的。我只记得最后一次抱它时它身上的味道,还有兽医给它打针结束它的痛苦时,它轻声呜咽的样子。"一个人怎么能做出这种事?"我强忍着苦涩的泪水反复问自己。

后来几天,每当我试图入睡,那个人可恶的笑容就会浮现在我脑海中。他那句"我知道我撞了你的狗。你打算怎么样?"在我耳边回响。我脑海里清楚地看见,如果我们打起来,我会怎么对付他。在我的想象中,我是一个消灭浑蛋恶棍的超级英雄。有时候,我想象着我正拿着棒球棒或其他武器伤害他,狠狠地伤害他,就像他伤害我、伤害莉娅、伤害金吉尔那样。

在辗转反侧、无法入睡的第三个晚上,我起身开始写日记。在宣泄了将近一个小时的悲伤、痛苦和不满的怨言后,我写了一些令人惊讶的字句:"加害者也是受害者。"好像这些话来自另一个人,我大声问:"什么?"

我又写了一遍:"加害者也是受害者。"我靠在椅子上沉思,听着蟋蟀歌颂美好的春夜。"加害者也是受害者?这和这个人有什么关系?"

进一步思索后，我渐渐明白了。一个人如果能如此轻易地伤害一只备受珍视的家庭宠物，那他一定不像我们那样懂得对伴侣动物的爱吧。一个能在孩子泪流满面时开车离开的人，不可能理解孩子的爱。一个不愿意为刺痛一个家庭的心道歉的人，他自己的心也一定已经被刺痛了很多很多次。这个人才是这个事件中真正的受害者。他确实扮演了一个恶棍的角色，但这源自他内心深处的痛苦。

我坐了很长时间，让自己明白这一切。每当我开始对他和他造成的痛苦感到愤怒，我就想到这个人生活的每一天都承受着痛苦。过了一会儿，我发现我的呼吸慢了下来，我的紧张缓解了。我关了灯，上床睡觉，睡得很香。

紫罗兰把它的香气留在那踩扁了它的脚踝上。这就是宽恕。

——马克·吐温

抱怨：表达悲伤、痛苦或不满

在这段经历中，我感受到的是**悲伤**。5年前，金吉尔出现在我们南卡罗来纳乡下的家中。那些年，我们家出现了好几只流浪狗，但我们的另一只狗吉布森总是把它们赶走。不知道为什么，吉布森让金吉尔留了下来。金吉尔有些与众不同。从它的行为举止来看，我们推测它在和我们一起生活之前被虐待过。而且，它特别躲着我，所以很可能是一个男人虐待了它。大约一年之后，它开始试探性地信任我了。在后来的岁月里，它和我成了真正的朋友。我对它的去世深感悲痛。

我当然感到**痛苦**，真切的情感上的痛苦撕裂着我的灵魂。有孩子的人都会懂：我们宁愿忍受任何痛苦，也不愿让孩子受到伤害。我的莉娅所经历的痛苦，又使我的痛苦倍增。

我也感到**不满**。我为自己没有痛打那家伙而感到苦恼，也为自己曾考虑以暴制暴而良心不安。我为自己从他身边走开而感到羞愧，也为当初去追赶他而感到羞愧。

悲伤。痛苦。不满。

当这个人撞到金吉尔的时候，对我来说，感受和表达这些情绪都是恰当的反应。你可能在人生的某个时刻经历过同样困难的事情。幸运的是，这类创伤性事件并不常见。同样，抱怨（表达悲伤、痛苦或不满）也应该不多。

然而，对大部分人来说，抱怨并非源自如此深刻的痛苦经历。相反，就像乔·沃尔什的歌曲《生活一直很美好》中所描写的一样，我们没什么可抱怨的，但有时候，实际上很多时候，我们还是会抱怨。事情没有真正糟糕到需要表达悲伤、痛苦或不满的地步，但抱怨是我们的默认反应。这只是习惯性的行为，这就是我们会做的。

正如格雷所说，无知是福。在你踏上不抱怨的道路之前，你可能未曾意识到自己抱怨了多少，以及这些抱怨在生活中的破坏性影响。对许多人来说，对天气、政治、配偶、工作、身体、朋友、事业、经济、路上的司机、国家，或者任何他们正在想的事情发发牢骚，是每天可以做无数次的事。

然而，很少有人意识到自己抱怨得有多频繁。话是从我们嘴里说出来的，所以耳朵一定能听到。但是，出于某种原因，我们不认为这些话是抱怨。抱怨就像口臭——当它来自别人口中，我们能注意到，但当它来自自己口中时，我们却觉察不到了。

你的抱怨可能比你想象中要多得多。既然你已经接受了21天不抱怨挑战，你就会开始注意到这一点了。当你开始在两只手腕上来回移动手环时，才会意识到自己有多常"kvetch"（意第绪语的"抱怨"——我不是犹太人，但我喜欢这个词）。

直到现在，你可能还会发自内心地说你不抱怨，至少是不怎么抱怨。很显然，你认为自己只有在有事着实困扰着你的时候才会抱怨。但我们常常无意识地夸大困难的数量和严重程度，试图让我们感觉自己更重要。

为什么？因为我们倾向于认为重要的人会遇到重要的问题。所以我们认为，面临的挑战越多，自己就越重要。这种观点降低了我们抱怨的阈值。

困难、挑战，甚至痛苦的经历是我们所有人生活的一部分，记住这一点是很有帮助的。抱怨我们的困难并不能改善我们的处境，它只会制造一个回音室，把消极的情绪传回给我们。

每个成功完成 21 天不抱怨挑战的人都对我说："这并不容易，但很值得。"凡是有价值的事都来之不易。这个行动简单吗？很简单。但是简单并不能让你成功。我说这话不是为了让你泄气，而是为了激励你。如果你发现成为一个不抱怨的人（监控并改变自己的言语）很困难，这不意味着你做不到，也不意味着你哪里做得不对。作家 M. H. 奥尔德森说："如果你没有一次成功，就代表你和平常人一样。"如果你正在抱怨，这就是你应有的处境。现在，你开始意识到这一点，就可以开始将抱怨从生活中驱除。

> 当我们停止抱怨遇到的困难，并开始感谢我们没有遇到麻烦时，幸福就来临了。
>
> ——托马斯·S. 蒙森

只要在每次抱怨时移动你的紫色手环，然后重新开始，回到第一天。

这时候，我鼓励你花点时间问自己："我想成为一只军舰鸟，还是一只海鸥？"

此时，我正住在佛罗里达州的基拉戈。这里是一个可以全年穿短裤和凉鞋的热带天堂。我每天都能在窗外看到两种鸟：军舰鸟和海鸥。

军舰鸟是一种有趣而庄严的鸟。它们体形大、羽毛黑而有光泽，翼展可达1.8米，看起来就像一架滑翔机的影子，懒洋洋地飘浮在海湾上。军舰鸟一生都生活在天空中，就连睡觉也在空中，但它很少有什么大幅度的动作。你可能偶尔会看到这种鸟细长翅膀的尖端微微向上或向下弯曲，让它在看不见的气流中升降。

除了交配，军舰鸟很少降落。其他时候，它们毫不费力地在天空中掠过，在气流中起落，感知空气的变化，伴随着空中的气流滑行。它不反抗，只是随波逐流，因此花费很少的精力就能活得安静、平静、高远、自由。

相比之下，海鸥是一种声音很大、喧闹的鸟。它们短而粗的翅膀来回摆动着与气流对抗，而不是顺风滑行。海鸥是海洋的垃圾收集者，它们捡起任何能找到的食物，也不时俯冲下来捕捉靠近水面的小鱼。

海鸥经常为了有限的资源而相互争斗，无论是一小块食物，还是航行浮标顶部那处可休息的地方。它们不停地吵闹，几百码[①]外都能听到它们的哀号声和尖叫声。

海鸥与军舰鸟相反。海鸥为生存而挣扎，而军舰鸟却翱翔于一切之上。

那么，你想成为哪一个？是庄严的军舰鸟，还是爱抱怨的海鸥？

这是你的选择。

顺便说一下，你可能想知道，如果军舰鸟从不降落，它是如何获得食物的。答案是，当军舰鸟看到一群海鸥捕捉美味的鱼时，它就会把长而光滑的翅膀收起来，用锋利的喙瞄准一只成功找到美食的海鸥，然后像导弹一样直冲过去。海鸥可能会试图避开军舰鸟，但只是徒劳，它最终会尖叫着吐出它嘴里的东西。接着，军舰鸟会快速掠过逃离的海鸥，从半空中抓住它掉落的食物。

因此，海鸥不仅要像食腐动物一样生活，而且经常需要找到两倍于生存所需的食物，因为它们不得不把一半的猎物交给

[①] 1码约等于0.914米。——编者注

时不时袭击的军舰鸟。

> 借口和抱怨是没有希望的生活的标志。
> ——班加比基·哈比亚利马纳

每天，生活都像天空一样千变万化，让你经历起起落落。但是，如果你能像军舰鸟一样保持冷静和安宁，驾驭生活的变化，而不是像抱怨的海鸥那样与生活抗争，你会过得更快乐、更平静。

美国哲学家、作家和教育家莫蒂默·阿德勒写道："习惯是通过不断重复某种行为产生的，重复的次数越多，习惯就越根深蒂固。但是我们也可以通过不断重复截然不同的行为来打破已养成的习惯。"对大多数人来说，抱怨是一种被反复强化的习惯。然而，如果你有意识地努力不去抱怨，假以时日，你将不再默认使用这种表达方式。

不抱怨看似不会对你的生活产生多大影响，但实际上，这会开始扭转你一遇到事就抱怨的习惯，重新定义你自己。

这是怎么回事呢？因为不抱怨会重塑你的大脑。

为了提高效率，大脑会建立捷径，在你的经历和你对特定情况的看法之间架起一座桥梁。在重复经历相似的情况之后，当类似的事件再次发生，你的大脑会直接得出结论，就不需要消耗能量处理接收到的信息了。

用脑科学研究人员的话说就是："同时被激发的神经元之间的突触连接会增强。"你越是经常以某种方式思考某件事，就越会陷入这种思维模式。

经常抱怨的人的大脑神经元会自然地以消极方式处理生活中的各种事。这不是他们的错，只是随着时间的推移，他们的大脑已经为这种思维方式创造了捷径。

好消息是，你的大脑拥有强大的自我重塑能力，这被称为神经可塑性。这意味着神经元可以被重塑和重新定向，以建立新的桥梁。

因为大脑可以随着时间的推移而被重塑，所以面对过去的诱因，你哪怕只有一次选择不去抱怨，大脑中的消极桥梁也会被削弱，并开始创造一条通往积极的捷径。

这就是为什么接受21天不抱怨挑战的首要附加产物是幸福感的增长。

当你抱怨得越来越少，甚至对以前令人烦恼的人或事件有一些积极的看法，你的大脑就开始打破一直以来与抱怨相关的应激模式，最终使你产生更愉快的感觉。

心理学家称之为"主观幸福感"，但你我都知道它就是

"幸福"。

我曾经收到一封一个男人写来的电子邮件,他说即使努力了两年,他也没有完成21天不抱怨挑战。他写道:"出于某种原因,我大概到了第8天就会抱怨,不得不又回到第一天重新开始。"后来,他在邮件中补充道:"令人惊讶的是,尽管我还没有完成挑战,但我发现自己快乐多了。"然后,他用全部大写的字母问道:"不抱怨理应有这些效果吗?"

> **我们往往生活在枷锁之下,却从来不知道钥匙就在我们自己的手中。**
>
> ——老鹰乐队《已然逝去》

我忍不住笑起来,因为好像接受21天不抱怨挑战而变得更快乐是某种我应该披露的副作用——"警告:接受不抱怨挑战可能会带来快乐"。

好消息是,你所感受到的快乐会传播给你周围的人。我收到的另一封电子邮件解释了这是怎么回事:

> 你好,
> 和成千上万的人一样,我已经开始改变自己的关注

点。我已经挑战了约一个星期,现在我几乎不抱怨了。最值得一提的是,我觉得快乐多了!更不用说我周围的人有多开心了(比如我丈夫)!一直以来,我都想改掉抱怨的毛病,而这个紫色手环练习就是我改变行为的动力。

许多人都在谈论这个手环及其背负的使命,因此,这个挑战已经产生了巨大的涟漪效应,至少许多人都开始发现自己有多常抱怨,也许会决定采取不同的行动。随着越来越多的人发现这件事,这个运动可能会产生非常深远的影响。21天不抱怨挑战的影响范围远远不光是那些在实际使用手环的人!这样想来多棒啊!

——珍妮·赖莉
马里兰州罗克维尔市

你有能力成为一个更快乐的人,并且让你身边的人更快乐,但这意味着你要做出新的选择。不幸的是,许多人没有付出努力,他们仍然像这个古老故事中的人一样深陷困境:

两个建筑工人坐在一起吃午餐。其中一个打开他的饭盒,抱怨道:"天啊!肉饼三明治!我讨厌肉饼三明治!"
他的朋友什么也没说。

第二天,他们又一起吃午餐。再一次,第一个工人打开他的午餐盒,往里看了看,这次他更火大了,说:"又是肉饼三明治?我讨厌肉饼三明治!"

像之前一样,他的同伴保持沉默。

第三天,这两个人再次一起吃午餐。第一个工人打开他的午餐盒,往里面看了看,然后开始跺着脚大喊:"我受够了!每天都是一样的!每天都是肉饼三明治!我想要吃别的东西!"

他的朋友问:"为什么你不干脆让你太太给你做点别的呢?"

第一个工人一脸疑惑,没好气地说:"我自己做午餐!"

抱怨只会导致消极。

——克利夫·汤森

你、我,还有其他人,我们都给自己做午餐。

喝咖啡时,一位朋友讲述了这个肉饼三明治故事的现实版本。他告诉我,两年前,他的公司调整了语音信箱系统。不同于通过电话键盘输入密码和指示来获取语音信息,员工要拿起听筒说"获取信息",然后说"重播信息"或"删除信息"等指令。

"这看起来没有什么问题,"他告诉我,"但问题是,有时系统运作得不是很好,如果背景有任何噪声,或者我们说得稍微有点不清楚,系统要么没有反应,要么就会出错。"

他接着说,自己旁边的女人经常无法查到她的信息。如果她说"获取信息",而系统没有回应或出错,她就会大喊:"获取信息,该死的!"当然,咒骂只会让系统更加困惑,这位女士必然查不到她的语音信息,只能得到肉饼三明治。

"她在对着一台机器大喊大叫,"我的朋友困惑地笑着说,"而且她的愤怒让问题变得更糟。"喝了一口咖啡后,他接着说:"现在,真正有趣的部分来了。两年前,他们安装新的语音信箱系统时,我意识到语音识别功能不太可靠,所以我进入设置,把我电话上查收信息的方式改回手动输入,像以前一样通过按键来接收信息。"

"当我听到这个女人对着听筒大喊大叫时,我告诉她可以改回手动输入。当时她正对着手机大喊:'获取信息,你这个没用的废物!'她连看都没看我一眼就打断我说:'我现在没空,以后再说吧!'"

我的朋友摇了摇头。"那是一年前的事了,"他说,"我已经提过很多次要帮她改回去了,每次她都说她'太忙了'。我告诉她,这事只要不到30秒就能解决,但她一直拒绝我的帮助。她没有时间解决问题，但在过去的几年里，她在对着电话大喊大叫上浪费了大把时间。"

"你能想象吗？"他接着说，"她每天上班时都知道自己要费劲对付语音信箱系统。她明知道她可以在一分钟内修好它，但她什么也没做。多么匪夷所思！"

吃腻肉饼三明治了吗？你每天都在给自己做午餐。你的思想创造你的生活，你的话表明你的所思所想。改变你的言语，你的想法将随之改变，你的生活也会有所改善。

> 你若说服自己，告诉自己可以办到某件事，只要这事是可能的，那么不论多难你都能做到。相反，你若设想自己连世界上最简单的事也做不了，你就什么都做不到，即使是鼹鼠丘也将变成不可攀的高山。
>
> ——埃米尔·库埃

耶稣说："若专心寻求我，必寻见。"（《耶利米书》29：13）这是放之四海而皆准的原则。你所寻找的一定会被你找到。当你抱怨的时候，你是在用思想的不可思议的力量，去寻找那些你并不想要的东西，虽然你并不想要抱怨却一次又一次地将它们吸引过来。然后，当它们出现时，你会抱怨这些新事物，并吸引更多不想要的东西。你陷入了"抱怨轮回"，从心理学上说，这就是关于抱怨的自证预言——消极体验，抱怨；消极体验，抱怨；消极体验……如此循环往复。

在《局外人》中，阿贝尔·加缪写道："现在我面对着这个充满了星光与默示的夜，第一次向这个仁慈而冷漠的世界敞开了我的心扉。"①

宇宙是仁慈而又冷漠的。宇宙，或上帝，或灵魂，无论你如何称呼，是仁慈的（善意的），但它同样也是冷漠的（对你漠不关心的）。宇宙并不在乎你是用语言呈现思想的力量，来吸引爱、健康、幸福、富足和平静，还是招致痛苦、苦难、不幸、孤独和贫穷。我们的思想创造我们的生活，我们的话表明我们在想些什么。通过停止抱怨来控制我们的言语，我们就能有意识地创造我们的生活，引来我们渴望的结果。

在汉语中，"抱怨"一词由两个字组成，"抱"和"怨"。中国人认为，抱怨可以被解读为"拥抱有怨气的自我"，这里所说的自我，并不是弗洛伊德的人类心理构成三部分中的自我。相反，它是指被限制的自我，其无穷尽的供给似乎被切断了。

---

① 阿贝尔·加缪.局外人[M].柳鸣九,译.上海:上海译文出版社,2010:116.

当你抱怨时，你是在拥抱有怨气的自我。你的脑海中有个刺耳的声音，坚持认为你不配得到自己想要的东西。当你抱怨时，你的自我被限制，仿佛失去了与世界交流的能力，抱怨就是在助长这些。抱怨使你限制了自己享受富足的能力。

富足（affluent）这个词的原意是"水流源源不断"。善意的河流永远都在流淌。抱怨时，你就改变了你周围水流的方向。开始只谈论自己想要的东西时，你就让这股水流冲刷着你，用各种各样的营养浇灌着你。

当你开始试图从生活中根除抱怨时，多年以来的习惯会将你推向失败。这就像乘坐一架以约每小时 965 千米的速度向北飞行的喷气式飞机。如果飞行员让飞机向西转弯，你会感觉到你的身体右侧有一股拉力，因为你一直在向北高速移动。如果飞机保持在它的新航道上，你很快就会适应，不再感受到之前那股拉力。

同样，当你试图改变以前的习惯时，以前的习惯也会拉扯你。当你坚守你的承诺，移动不抱怨手环时，你会感到一股强大的力量试图把你拉回原来消极的思维方式。坚持下去。每一次移动手环都将很快成为改变你生活的强大力量。

真诚的分享

和大多数参加 21 天不抱怨挑战的人一样,我很快就发现自己在日常交流中说了多少抱怨的话。我第一次真正听到了自己的心声:抱怨工作,抱怨病痛,抱怨政治和世界上的各类问题,抱怨天气。意识到我的话语中有这么多负能量让我大为震惊——我本来一直认为自己是一个乐观的人!

——马蒂·普安特罗
密苏里州堪萨斯市

第二章

抱怨与健康

> 神经症患者抱怨自己的疾病,却充分利用了它,
> 当它将被从身边夺走,他们会像母狮保护自己的孩子一样保护它。
> ——西格蒙德·弗洛伊德

我们做任何事情都有一样的理由,抱怨也不例外:我们认为这样做有好处。我清楚地记得自己发现抱怨有益的那个晚上。那时我只有13岁,第一次参加"袜子舞会"。也许你太年

轻,不知道什么是袜子舞会,我来解释一下,这是一种从前经常在高中体育馆举行的舞会,孩子们参加舞会时,需要脱掉鞋子以保护体育馆的地板,因此被称为袜子舞会。这种舞会曾一度在20世纪50年代的美国很流行,1973年,随着电影《美国风情画》的上映,这种舞会又流行起来。

没有任何一种身体和情感上的变化会像青春期时那样持久和深远。作为一个13岁的男孩,我第一次发现女孩不再"恶心"。突然之间,她们像磁铁一样充满吸引力,同时又令人恐惧。也许她们令人生畏,尽管如此,女孩还是占据了我清醒时的大脑,甚至萦绕在我的梦中。对棒球、模型船、电影和漫画的念头都被对女孩的痴迷一扫而空。

我非常想和女孩交流,但不知道应该怎么做,或者应该做些什么。我觉得自己就像一个老笑话里追着车跑的狗,最后虽然追上了一辆车,却不知道该怎么办。我既渴望亲近女孩,又害怕靠近她们。

举办袜子舞会的那个晚上是典型的南卡罗来纳州炎热潮湿的夜晚。为了体现袜子舞会20世纪50年代的复古风格,女孩们穿着蓬蓬的大圆裙子,顶着波浪卷发,脚踩马鞍鞋,涂着亮红色的口红。男孩们的服装主要是齐脚踝的紧身牛仔裤、白袜子、袖子里卷着一包(从父母那里借来的)香烟的白色T恤、塞着硬币的乐福鞋，头发则油亮亮地向后梳成鸭尾状。

20世纪50年代的流行歌曲弥散在空气中，女孩们站在舞池的一边咯咯笑着，而我和其他男生懒洋洋地坐在另一边的金属折叠椅上，拼命摆出酷酷的样子。虽然体内的每一条DNA都苦苦哀求我们走向女生，我们却表现得冷漠而克制；实际上，一想到走过去和女生们说话，我们就已经被吓得不知所措了。"让她们来找我们吧。"我们开玩笑说。如果她们走了过来，我们的男性自豪感就会膨胀；如果她们没有过来，至少她们会以为，我们才不在乎。

我当时最好的朋友是奇普。他个子高，是个好学生，也是个出色的运动健将。在这三个方面，我只是个子勉强算高。我不像奇普，我很胖。我十几岁的时候，买衣服都要到贝尔克百货公司昏暗的地下楼层去翻找特大号的衣服。

> 如果你不再抱怨，你会变成什么样？
>
> ——艾伦·科恩

因为奇普又高又壮，几个女孩都盯着他看。我不知道哪件事更让我烦恼：是奇普对女孩们更有吸引力，还是他不愿采取行动。不管我们如何鼓励他去跳舞,他只是和我们坐在那里,不愿走过去和坐在那里等着我们迈出第一步、扎着马尾、穿着短袜的女孩们说话。

"我太害羞了,"奇普说,"我不知道该说什么。"

"走过去就好,让她们先说话,"我说,"你不能一整晚都坐在这儿。"

"你也只是坐在那儿,"奇普说,"你很健谈,你为什么不过去跟她们说些什么呢?"

吸毒者通常会记住他们第一次尝试后来成为他们"首选毒品"的情景,如果他们不能戒除毒瘾,这种精神麻醉剂会掏空甚至毁掉他们的生活。从说出接下来的这句话开始,我将沉溺于抱怨这种"毒品"30多年。

我凑近奇普说:"就算我走过去和她们说话,她们也不会跟我跳舞。看看我——我太胖了。我才13岁,体重却超过180斤了。我一说话就会喘,一走路就出汗。"

注意到其他男孩都在看我,我继续说:"奇普,你身材很好。女孩们看的是你,不是我。"其他人点了点头。"我只是一个好玩的人,她们喜欢和我聊天,但她们不想和我跳舞。她们不想要我……而且永远不会。"

这时,另一个好朋友从后面走过来,开玩笑地拍了拍我的背:"嘿,胖小子!"

通常情况下,他这样打招呼没有任何特别的意义。几乎每个人都叫我"胖小子",这是一个适合我的绰号,我已经习惯了。我从来没觉得这是侮辱,他们都是我的朋友,不在乎我胖不胖。但是,我当时刚刚发表了一篇冠冕堂皇的说辞,抱怨自己太胖,以此作为不邀请女孩跳舞的借口,他还叫我"胖小子",我们小圈子里的其他人就坐不住了。

我的一个朋友瞪着那个说我胖的男孩说:"嘿,闭嘴!"

"不要招惹他!"另一个人说。

"胖又不是他的错!"第三个人插嘴说。

环顾四周,我的朋友们都非常关心地看着我。

片刻停顿之后,我脑海里的声音喊道:"把握机会吧!"于是我戏剧性地叹了口气,慢慢地垂下眼。我们都在想办法逃避,这样我们就不用面对那些女孩,也不用被她们拒绝。奇普的借口是害羞,我的借口是肥胖。我对自己身材的抱怨,加上一个朋友恰逢其时的玩笑,不仅让我摆脱了困境,还让我得到了关注和同情。

> 上帝在六天内创造了世界。第七天,他休息了。第八天,他开始收到抱怨。从那以后就

没有停止过。

——詹姆斯·斯科特·贝尔

抱怨不仅给了我借口，让我不用去做一些害怕的事，还让我得到了关注、支持和认可。我的"毒品"起作用了。我找到了让我成瘾的东西——抱怨能让我亢奋。

多年后，当我和另一个朋友同时到一家餐馆找工作时，我的朋友得到了更好的班次。我告诉自己和其他人这是因为我太胖了。他们会说："不是这样的！你很棒！"我很享受听到别人这样说。当我被开交通罚单时，我说那是因为我太胖了，人们就对警察嗤之以鼻。我花了五年半的时间才摆脱了这个我很喜欢的借口，同时甩掉了损害我健康的差不多100斤赘肉。

在发表于《心理学公报》上的《抱怨语言与抱怨行为：行为、先例与结果》一文中，心理学家罗宾·科瓦尔斯基写道："许多抱怨涉及从他人身上诱发特定的人际互动反应，比如同情或认可。例如，人们可能会抱怨自己的健康状况，不是因为他们真的感到不舒服，而是因为病人的角色让他们获得了其他收益，比如获得他人的同情，或避免做他们讨厌的事。"

通过抱怨和打"肥胖牌"，我得到了同情和认可，也有正当理由不跟女孩们说话。抱怨让我尝到了甜头。

你很可能也做过类似的事情。你可能会抱怨自己的健康状况，以获得同情或关注，同时避免做一些你害怕做的事情。问题是，抱怨自己身体不舒服往往会让我们卷入真实的疾病体验中。你吞入口中的东西决定了你的体形和体重，你从口中说出的东西决定了你的现实。

身体欠佳是最常见的抱怨之一。人们抱怨自己的健康状况，扮演病人的角色以获得关注和同情，同时避免为一种更健康的生活方式付出努力。当然，有些抱怨的人确实身体不好，但即便如此，他们也会把注意力集中在自己的困难上，导致这些困难在他们的生活中变得更加普遍。

那些抱怨自己的痛苦的人不仅是在告诉世界他们的痛苦，也是在提醒自己的身体去寻找和体验疼痛。

人们经常对我说："哦，所以你是说我应该假装自己能行，直到成功。"

不是的。

没有所谓的"假装能行，直到成功"。虽然这句老话很精辟，但它不适用于个人的转变。一旦你开始表现得像你想成为的人那样，你就会变成那样的人，而这就是改变的第一步。这也是自我掌控的第一步，把这最重要的一步称为"假装"，就没有抓住重点。

> 如果你一直说不好的事情将会发生，那么很有可能它就真的会发生。
>
> ——艾萨克·巴什维斯·辛格

你不是在假装，你已经是那个人了，即使只是暂时的。你可以在此基础上开始改变你的心态，从而改善你的健康。

问问你自己："我扮演过病人的角色吗？我现在正在这么做吗？"当你抱怨自己的不健康时，你可能会得到同情和关注，而代价是让你的痛苦继续下去。

你可能听说过有人患有心身疾病。当人们听到"心身疾病"这个词时，他们往往会想到一个没有生理基础的神经病患者。

心身（psychosomatic）的词源是"psyche"和"soma"。psyche 意为心灵，soma 意为身体。因此，psychosomatic 字面上的意思是心和身。我们都是心身合一的，因为我们都是思想和身体的统一表达。

根据罗宾·科瓦尔斯基的说法，医生们估计，他们接近三分之二的时间都在治疗那些由心理原因引起的疾病。

想想看。三分之二的疾病源于我们的思想，或因我们的思想而恶化。我们内心相信什么，我们的身体就会表现出来什么。很多研究表明，一个人对自己健康情况的想象会导致这种想象成为现实。

美国国家公共广播电台有一篇报道详细介绍了一项研究：医生发现，如果告诉病人某种药物有很大的希望治愈他们的疾病，那么这种药物的效果要比没有提示的情况下好得多。报道还指出，患有高血压等其他疾病的阿尔茨海默病患者服用的药物未能发挥最大功效，因为他们记忆力减退，可能不记得每天服用的药物。心理对身体确实有极大的影响力。

> 要达到身心健康，我们需要认识到，我们的思想、语言、行为都会影响到我们的整体健康。
>
> ——格雷格·安德森

当我还是牧师的时候，我受托去看望一位住院的女士，我姑且叫她简吧。在进入病房之前，我先到护士站向医生询问她的病情。

"她没事。"医生说，"她中风了，但她会康复的。"

我敲了敲简的门，一个微弱的声音有气无力地回答道："是谁？"

"简？"我说，"我是威尔·鲍温。"

走进病房时，我有些怀疑医生的回答。简看上去一点也不像"没事"的人。她又问了一遍："是谁？"

"我是威尔·鲍温。"我热情地说。

"哦，感谢上帝你来了。"她回答说，"我快要死了。"

"你快要什么？"我问。

"我快要死了。我只剩下几天的时间了。真高兴你来了，这样我们就可以计划我的葬礼了。"

就在这时，医生进来查看简的情况，我把她拉到一边，说道："我记得你说过她会没事的。"

"是的。"医生说。

"但她刚刚告诉我她快死了。"我说。

医生气恼地翻了个白眼，走过去站到简的床边。"简？简！"她呼唤道。

简慢慢地睁开她的眼睛。

"你中风了，亲爱的。你不会死的。"医生说，"你会好起来的。在重症监护室再待几天以后，我们就送你去康复中心。你很快就能回家了，和你的猫佐罗在一起，好吗？"

简的脸上掠过一丝虚弱的微笑。"好吧。"她小声说。

医生离开房间后，简把目光转向我说："威尔，你能拿来笔和纸吗？"

"你要做什么?"我问。

"我要计划我的葬礼,"她说,"我快要死了。"

"但你不会的!"我提出异议,"我会先记下来,等你死了之后——那会是很久很久以后——我才能为你主持葬礼。"

简慢慢地摇了摇头:"我马上就要死了。"接着,她详细阐述了自己的葬礼。

我离开的时候又和医生谈了一次:"她确信自己快死了。"

她不耐烦地笑了笑:"听着,我们总有一天都会死,包括简。但她只是中风,这不会要了她的命的。她会完全康复,真的不会有事。"

然而,事实并非如此。简的想法是如此强烈,两个星期后,她去世了,而我用那天在医院做的笔记主持了她的葬礼。

她的医生说什么并不重要,简确信自己快死了,于是她的身体也相信这一点,并对这种信念做出反应。

当你抱怨自己的健康问题时,你的消极表达会被身体听到。你对健康的抱怨会留下烙印。你的思想(心灵)引导这种能量进入身体(躯体),引发更多健康问题。

"但我真的病了。"你说。也许是这样。

还记得医生估计三分之二的疾病是患者"自以为生病"的结果吗?我们的想法创造了我们的世界,我们的话语表明我们的想法。抱怨病痛既不会让生病的时间缩短，也不会减轻其严重程度。实际上，它常常有相反的效果。

我希望你认真想想，你有多少次无意识地试图通过抱怨疾病来获得同情和关注，或逃避做你讨厌的事。当你抱怨你的健康状况时，请记住，你可能是在用汽油灭火。你可能想变得健康，但每当你抱怨病痛，你都在把不利于健康的能量传递到全身。

> 真正有耐心的人既不抱怨自己命运的艰难，也不希望别人同情他。
>
> ——圣方济各·沙雷氏

1999年，我的好朋友哈尔被诊断出肺癌IV期，他当时只有34岁。医生说他只有不到六个月的寿命。

尽管面对着这一切，哈尔始终保持着他的幽默感。有一天，我邀请他去户外散步，但因为他太虚弱了，我们只走了十几步。我们站在他家门前，呼吸着新鲜空气，聊着天。

"经历了这么多，你是怎么做到不抱怨的？"我问。

哈尔笑着回答说："很简单。今天不是15号。"

"这跟15号有什么关系？"我问。

哈尔认真地看着我的眼睛说:"确诊时,我知道这将很难熬,我可以一边抱怨,一边诅咒上帝、科学,甚至任何人;我也可以专注于生活中美好的事物。所以,我决定每个月给自己一个不开心的日子来抱怨。我随机选了每月 15 号。每当我想抱怨什么事情,我就告诉自己必须等到 15 号。"

"这有用吗?"我问。

"相当有用。"他说。

"但你在 15 号时不会真的变得非常沮丧吗?"我问。

"并不会,"他回答说,"等到了 15 号,我通常已经忘了我想要抱怨什么。我会选择去感恩和珍惜我的幸福,而不是抱怨疾病。"

科学研究证明,哈尔的方法对我们所有人都有效。加利福尼亚大学戴维斯分校开展的一项研究发现,努力培养感恩态度的人,血液中的皮质醇(压力激素)水平平均降低了 23%!结果,他们的情绪得到改善,精力更充沛,身体更健康,焦虑也大大减轻了。

哈尔做的另一个有助健康的选择,是让自己和关注健康而不是疾病的、积极乐观的人在一起。结果,他的寿命比预期长了整整两年,是医生预期寿命的四倍,并且一直保持着快乐和满足。

《普通精神病学档案》上的一项研究发现，乐观主义者比悲观主义者寿命更长，死于心力衰竭的风险降低了23%，并且死于各种原因的风险都显著降低，达55%。

不要抱怨，并且和不抱怨的人在一起，这对你的身体和心理健康都有很大好处。

1996年，斯坦福大学开展了一项研究，运用磁共振成像（MRI）研究抱怨对大脑的影响。研究人员发现，仅仅30分钟的抱怨，或者只是听别人抱怨，就会导致大脑的海马体区域萎缩，导致心理功能、记忆力和学习能力下降。

换句话说，抱怨会让你变笨！

如果你想活得长久、健康、快乐、聪明，你能做的最好的事情之一就是坚持21天不抱怨挑战，直到不抱怨成为你的习惯。

> 屹耳驴不害怕抱怨。他们不情不愿地来到生命之泉，然后喃喃自语，抱怨他们没有得到足够的东西。
>
> ——本杰明·霍夫

第二部分

有意识的无能

在有意识的无能阶段,你可能会不太舒服地意识到自己有多常抱怨。你开始注意到自己在抱怨,但抱怨已经发生,而且似乎无法停止。如果你感觉不舒服,很好!这种不舒服意味着你在进步。耐心一点。当你做出改变时,有很多好处等着你。

第三章

抱怨与人际关系

嘴上少说空话,手里多做实事。
——美国原住民部族阿帕奇族谚语

当你进入有意识的无能阶段,你可能会不太舒服地意识到自己有多常抱怨。你开始注意到自己在抱怨,但抱怨已经发生,而且似乎无法停止。你反复在两个手腕之间移动手环,但你的抱怨似乎并没有减少。我听到有人把这称为"在我再次抱怨之前阻止我"的阶段。

遗憾的是，许多人在这个时候放弃了。他们第一次意识到自己抱怨的频率有多高，难以自控的无力感让人很不舒服，于是他们把手环扔进抽屉里（或者愤怒地扔出窗外），希望再也没有人向他们问起这件事。

如果你现在感觉不舒服，很好！这种不舒服意味着你在进步。你走上了正轨，只需要坚持下去。神学家查尔斯·H. 司布真曾说："只要坚持不懈，蜗牛也能爬上挪亚方舟。"不管你的进步看起来有多缓慢，你都在朝着理想前进。你已经注意到自己的抱怨了，虽然还不能消灭它们，但这是前进道路上重要的一步。

我写作用的是 MacBook Pro 笔记本电脑，最近我升级了它的操作系统。这台电脑我已经用了好几年，一直对它十分满意，但是新操作系统下，电脑触控板的手势操作方向跟以前完全相反。以前，要向下滚动屏幕，我需要在触控板上向下滑动手指。然而，因为现在大多数触摸屏采用了相反的动作，系统更新后，它模拟了触摸屏滑动屏幕的感觉，所以我必须在触控板上向上滑动，才能让屏幕往下滚动。

谁有勇气把悲伤藏在心里，谁就比抱怨的人

更能战胜悲伤。

——乔治·桑

在这种情况下书写"有意识的无能"是多么讽刺。在习惯了上一种操作方式两年多以后，我不得不向相反的方向移动手指来上下滚动屏幕。有好几天的时间，我的手指习惯性地向某个方向移动，屏幕却滑动到我想要的相反的位置。我心情沮丧，注意力也被分散。我知道手势操作的方向改变了，我也知道自己做得不对。我不断告诉自己要记得向相反的方向移动手指，但是并没有用。在以一种方式做了两年之后，我无法马上改变。我花了好几天时间艰难地重新训练自己。我无能得无可救药，并且我对此非常非常清楚。

操作系统升级了一个星期以后，我的手指会自动向新的方向滑动，我连想都不用想。事实上，这看起来很自然，就好像我一直都是这样浏览文档的一样。所以，如果你觉得你已经到了能觉察到自己在抱怨的阶段，非常想要停止抱怨，却做不到，那就放松下来，要知道，你迟早会重新训练自己的。

耐心一点。当你做出这种改变时，有很多好处等着你。

正如我们讨论过的，抱怨使你把关注点集中在错误的事情上，将你的注意力从你期望的事情上分散开来，并且吸引你不想要的东西。

因此，抱怨有损人际关系。

向某人抱怨会降低关系中的能量，而抱怨某人会让你在那个人身上寻找更多可抱怨的地方。

1938年，刘易斯·特曼采访了数十名精神病学家和咨询师，想要找出不幸婚姻的共同点。他发现，相比于幸福的夫妻，不幸福的夫妻普遍认为伴侣好辩、挑剔、唠叨（即抱怨），只是程度有所不同。

换句话说，人们快乐与否通常与关系中有多少抱怨有关。

抱怨异性只会给你带来更多糟糕的约会。

——安娜·玛丽亚·托斯科

抱怨会扭曲、削弱，甚至破坏能给我们带来幸福的关系。我们抱怨的时候，人际关系就会停滞和恶化。抱怨让我们忽略他人的积极特质，转而注意他们身上让我们不满的地方。这种倾向让我们陷入一个不满意的陷阱，也会让别人感到信心不足。

此外，抱怨会导致我们去寻找不快乐的关系，重复消极的模式。

笔名为"时髦心理学家"的安娜·玛丽亚·托斯科为《郊区》杂志写了一篇题为《欲望都市综合征：抱怨异性只会给你带来更多糟糕的约会》的文章，解释了我们对人际关系的负面看法是如何让负面关系持续的。

托斯科说，如果你像电视剧《欲望都市》中的女人们那样经常抱怨约会和恋爱，说些类似于"世界上没有好男人""所有男人都是骗子""每个与我约会的人最终都会离开我"这样的话，大脑中的神经递质就会为那些看法建立捷径，导致你的身体产生引起悲伤、抑郁和无助的化学物质。

托斯科写道："如果这种想法持续很长时间，以至于身体习惯了这些化学物质，它就会变得渴望它们，就像瘾君子渴望他/她选择的毒品一样。你的思想产生的化学物质让你上瘾，这种化学刺激但凡短暂地中断，都将导致身体不适，类似于……你猜到了——戒断症状。"

她继续写道："持续不断地抱怨你的人际关系会产生让你上瘾的化学物质。最令人着迷和难以置信的是，一旦上瘾，你会下意识地渴望那些糟糕的约会、麻木不仁的男人、社会压力和恼人的陈词滥调，只是为了获得快感。"

我知道有一群女人每个星期都会聚在一起进行她们所谓的"团体治疗"。而"治疗"的内容就是在一家墨西哥餐馆见面，喝着玛格丽塔酒抱怨男人。据我所知，她们的主要主题是"男人都是狗！"。

好吧，如果你刚刚花了几个小时向朋友抱怨与你生活在一起的男人是狗，那当你回家时，你会自然而然地认为，那个懒散地窝在沙发里的男人就是一条老黄狗。你的大脑会为你之前说的话寻找证据，你的抱怨必然会变成终将实现的可怕预言。

> 最伟大的胜利是走开，不讲闲话，不接触负面能量。
>
> ——拉拉·德利亚

这个团体治疗中，没有哪个女人和男人建立起了令人快乐和满意的关系。她们想要这种糟糕的关系吗？当然不。但是她们的抱怨传达出了"男人不好"的能量共振，导致她们去寻找和吸引像"狗"一样的男人。

抱怨创造了她们的现实，因为她们身体释放出的化学物质，在引导她们寻找类似的负面体验。

畅销书作家和精神导师埃克哈特·托利解释说，每个人都有一个他称之为"痛苦之身"的部分。"痛苦之身"是在我们听到坏消息、抱怨人际关系或与某人发生冲突时感到兴奋的那一部分。尽管这些感觉可能会让人不舒服，但它们仍具有刺激性，一些人会对这种消极情绪上瘾，就像瘾君子离不开毒品。

关于此有一个术语——疼痛成瘾。当你经历疼痛时，无论是真实的还是想象的，你的身体会产生内啡肽泵入血液。内啡肽是内源性吗啡，是一种由人体自然产生的强效麻醉剂。抱怨引起的情绪上的痛苦，同样会使这种麻醉剂被释放。

其中原理是，抱怨引发痛苦，痛苦引起内啡肽产生，内啡肽让你兴奋。你可能不会意识到这种欣快的状态，就像重度咖啡爱好者不会注意到自己摄入了咖啡因，但一旦他们尝试停止摄入咖啡因，就会经历戒断反应。尝试戒掉抱怨的人也一样。

至于人际关系，请记住，你和其他人一样，都有激活"痛苦之身"以产生内啡肽的倾向。理解了这一点，将会有助于你在不愉快的交流中恢复理智。

不愉快的关系的共同点是一方经常向对方抱怨，或双方互相抱怨。抱怨会让人精疲力竭、心怀不满，还会让你感到不安，甚至精神紧绷。

几年前，我在接受一家澳大利亚杂志的采访时，记者问我："那么，威尔，人们如何拥有一段幸福的关系？"我回答说："让两个快乐的人在一起——这是唯一可行的方法。"

这就是为什么你能给你的交往对象最好的礼物就是你的快乐。努力成为一个积极的人，对你所拥有的充满感激，而不是怨恨，这真的会感染另一个人。

但我必须提醒你，当你不再抱怨时，你不能指望身边的每个人都立即停止抱怨。正如我前面所说，抱怨就像是某种让人上瘾的药物，对很多人来说，他们身边的人都在酗酒、抽烟、吸毒，这就是他们的现实处境。如果他不合群，那他身边的人就会觉得受到威胁。对这样的现象，我的个人观点是，做出破坏性行为的人知道他们这样做对自己没有什么好处，而这种认知在表现出克制的人面前会被放大。

所以说，你可以只和那些你知道会支持你的人分享不抱怨之旅，不必特意告诉那些可能阻碍你的人——因为他们肯定会尝试阻碍你的！

抱怨就像云，无论积聚得多厚都不会下雨。

——伊斯雷尔莫尔·艾瓦

1967年，一项以恒河猴为对象的研究反映了人类的这种倾向。在这项研究中，研究者把一群猴子关进笼子里，笼子里放着一个玩具，每当其中一只猴子靠近玩具时，这只猴子就会受到惩罚（具体的惩罚方式就不清楚了）。

然后，他们又将一只新来的猴子放进笼子里，它还没有因为去拿玩具而被惩罚过。每当它试图靠近玩具，其他被惩罚过的猴子都会攻击它。最值得注意的是，当研究者将另一只新猴子放进笼子里后，如果它接近玩具，那些从未受过惩罚的猴子也会攻击它。

当我们试图从人群中脱离，戒掉抱怨，追求"玩具"——比如更好的生活——朋友、家人、同事，甚至泛泛之交都会感到威胁。虽然你正试图做一些对你最有利的事情，但许多人会对你加以阻挠。这种时候，不如把这些人看作"神圣的小丑"。

什么是神圣的小丑？

纵观历史，大多数印第安部落都有神圣的小丑。大多数人都熟悉部落首领和巫医，但很少有人听说过神圣的小丑。神圣的小丑是故意制造混乱的角色。他们的作用是给部落成员制造麻烦，让他们在困难时期保持专注，培养坚韧的精神。

拉科塔人把神圣的小丑叫作海约卡斯。在西南部的普韦布洛部落中，祖尼人称他们为泥头，霍皮人称他们为哈诺斯，阿帕奇人称他们为利比亚，夏安族称他们为孔特拉。有些部落称他们为梦见雷电的人，因为要成为神圣的小丑必须首先做一个关于雷电的梦。一旦梦见了雷电，这位年轻的勇士就会离开家，并被带去和一位导师生活，导师将用古老的方式将他训练成其他人的对手。在成为一名伟大的酋长之前，令人尊敬的酋长疯马自己就是一个梦见雷电的人。

神圣的小丑要扰乱、煽动、激怒、离间部落中其他族员，通常会造成严重破坏，这是一个受人尊敬的角色。如果一个勇士杀死了一只鹿，并把它带回营地，神圣的小丑可能会偷走猎物，拖到树林里，让它被狼或其他野兽吃掉。如果一个女人生了火，神圣的小丑可能会等她去取水时把火踢倒并踩灭。

研究美洲原住民的学者吉尔·尼科尔斯这样向我解释神圣的小丑的角色："作为神圣的混乱的代表，大多数印第安人认为神圣的小丑最先是由伟大的神明创造的。小丑的职责是激怒别人，让他们从自满中清醒过来，为此他们可以做任何事。只要有机会，他们就给部落里的其他成员捣乱。当神圣的小丑选择你作为他的攻击目标时，这不是一件坏事，而是一种荣誉。"

一根小树枝会被折断，但一捆小树枝很结实。

——特库姆塞

直到今天，神圣的小丑每年还会出现在南达科他州的布莱克山的松岭印第安保留地，参与在那里举办的神圣的太阳之舞。太阳之舞是每年 8 月进行的一个古老的传统仪式，勇者们在闷热的太阳下表演着祖先的舞步，不吃不喝，表演会持续整整 4 天。

有些舞者甚至会在仪式上自残，就像他们的祖先那样。他们在酷热中前后摇摆，凝视着烈日，逐渐陷入一种神圣的疯狂状态，让人想起 1970 年的电影《太阳盟》中描绘的相似的宗教仪式。

痛苦折磨着身心，不吃不喝，还不停地跳舞，使人筋疲力尽。别提铁人三项了，这才是对人类耐性的终极考验。

第三天，当舞者们精力耗尽，几乎脱水，怀疑自己的决心，并且认真地考虑放弃时，穿着传统黑白服饰的小丑出现了。

当舞者们拼命维持他们的决心和理智时，小丑们在周围蹦蹦跳跳，尖叫、嘲弄着他们。在过去，神圣的小丑会反骑上马从舞者中间穿过，践踏他们。现代的太阳之舞仪式用全地形车代替了马。由于舞者们宣誓在仪式期间不吃不喝，小丑们会用汉堡包引诱、怂恿他们破戒，或者用巨型水枪朝他们喷水。小丑们会羞辱舞者，嘲笑他们是多么虚弱，无法继续，并且怂恿他们放弃。

你可能认为这些神圣的小丑对舞者的骚扰会让他们士气低

落，或者削弱他们的决心。但实际上，这反而让舞者们坚定了决心，激发了他们深层的力量和韧性。

但为什么这些神圣的小丑等到仪式的第三天才出现呢？

吉尔·尼科尔斯解释说："在最初的几天里，舞者们对这个仪式感到兴奋，肾上腺素让他们继续坚持。但到了第三天，他们的身体、心灵、精神和思想都已经疲惫不堪。小丑在他们最低落的时候折磨他们，正好激发了他们的能量，强化了自我认知，这让他们继续前进。"

这有用吗？

抱怨是自怨自艾的大门。

——塔米·L.格雷

2013年，我去了松岭印第安保留地，和两个神圣的小丑待在一起，他们给我讲述了两年前发生的事情。

那一年，他们原本已经商量好，在太阳之舞的第三天，让另一个部落的神圣的小丑出来骚扰舞者。但出于某种原因，日程安排有些混乱，没有人出现。因此，在太阳之舞的历史上，这是第一次出现三名勇者因中暑而不得不住院的情况。由于没有人强迫他们挖掘内心深处储存的力量、决心和能量，舞者们屈服于残酷的高温、缺水和使人精疲力竭的舞蹈。这几个人差点死亡。

所以，不要憎恨那些责怪你接受不抱怨挑战的人。你不如在脑海中把他们当成神圣的小丑，并感谢他们。让他们的取笑、怀疑和长篇大论加强你继续前进的决心，而不是成为你放弃的理由。

如果你想成为一只军舰鸟，而不是一只海鸥，请记住，军舰鸟只有在面对大风时才能飞得更高。正是气流的阻力使军舰鸟向上攀升、保持前进，你也可以选择让阻力为你做同样的事情。要预料到别人会给你阻力，但也要知道，当你变成一个更快乐的人后，原本阻挠你的人很快就会对你表示钦佩。

你可以让别人的阻挠击倒你，或让它成就你。这是你的选择。

在你向不抱怨转变的过程中，要认真选择和谁待在一起，这非常重要。信不信由你，因为你是与你相处时间最长的五个人的总和——花点时间来消化这个说法。如果你和一群消极、爱抱怨的人在一起，你会不自主地和他们有相似的情绪、说相似的话。

这是因为你的大脑中的镜像神经元。

当你看到或听到别人的经历时，镜像神经元在你的大脑中激发同样的突触。它们真实地反映与别人相同的状态，这也是为什么你看到别人不小心切到手指时，自己也会痛苦得龇牙咧嘴——你的大脑迅速发出信号，让你以为刚刚是你的手指被切到了。

反复接触一个消极的人会让你大脑中的镜像神经元感他所感，于是很快你也会像他一样消极和爱抱怨。

人生实如钟摆。

1665年，钟摆的发明者——荷兰物理学家克里斯蒂安·惠更斯因病卧床，看着他挂在墙上的两座钟，他决定做一点小实验，于是他从床上爬起来，让两个钟摆在不同的时间摆动起来，然后他又躺下看着。令他吃惊的是，在半小时内，两个钟摆开始同步，以完全相同的速度来回摆动，就好像它们是同时开始的一样。不管他尝试了多少次，或用了多少个时钟，所有钟摆都会在30分钟内同步。

人和钟摆一样，都会随着时间的推移渐渐同步。

这叫作曳引作用，也就是同步化。对人而言，它是指跟随某人，被曳引就是被裹挟、进入另一个人的影响流中。

> 生活中，我唯一能控制的就是自己。
> ——林-曼纽尔·米兰达，《汉密尔顿》

不知你有没有注意到，当你坐在观众席中，大家开始鼓掌时，如果掌声持续的时间足够长，最终所有人会渐渐开始以同样的节奏拍起手来。一开始，拍手可能是分散、随机的，但是过一段时间，人们就像钟摆一样同步了。

曳引和重力一样，都是自然界的定律。因此，它既不好也不坏，它只是这样存在着。而且，就像重力一样，它随时作用在我们身上，你不断地与周围的人保持同步。你同步化着他们，他们也同步化着你。当你待在爱抱怨的人周围，你会发现自己会越来越倾向于抱怨。但好消息是，当你抱怨得更少，你周围的人也会和你同步，开始抱怨得更少。

所以，看看你和谁在一起，并决定和那些快乐的，而不是长期抱怨的人共度时光。找出你能找到的最快乐的人，并邀请他们出去喝咖啡或吃午餐。没准儿他们会把你介绍给他们一些乐观的朋友，很快你就会发展出一整个快乐、不抱怨的人际关系网。

这一点很重要，因为正如我之前所说的，你是与你相处时间最长的五个人的总和。

请注意，如果你认识的每个人都很消极，不停抱怨，那我有个发人深省的消息要告诉你：你可能也是这样的。正如理查德·巴赫在《心念的奇迹》（*Illusions*）中所写的那样："物以类聚，人以群分。"你身处一群爱抱怨的人中，因为你也是一个抱怨者。但不要难过。如果你认识的大多数人都是消极的，你这样其实是正常的。

在努力实现连续21天不抱怨的过程中，我发现自己大概在一个月后可以连续几天不抱怨。然后我接到老朋友汤姆（不是他的真名）的电话，他总让我陷入一大堆抱怨之中。

在一次谈话中，我移动了四次手环。后来我对一个共同的朋友说："我在完成21天不抱怨挑战之前都要避开汤姆。他的消极情绪太有感染力了，每次和他说话我都会抱怨。"

"嗯……可我从来没有注意到汤姆很消极。"她说。

"你没觉得吗？"我问道。

"并没有，"她回答，"他通常都很高兴，而且很乐观地看待他自己的生活和我的生活。"

我花了一段时间去思考。也许我和汤姆默认的沟通方式是抱怨。他再次打来电话时，我决定如果有必要，我就安静地坐着，绝对不抱怨。令人惊讶的是，这次我们俩都没有抱怨。

漫画人物波戈说过一句话，我觉得很有道理："我们遇到了敌人，那就是我们。"当我不再向汤姆抱怨时，我们的谈话就不再是发泄消极情绪的沃土了。

如果你对自己的人际关系不满意，你需要客观地观察一下你们的相处中到底有多少抱怨，以及抱怨背后的原因是什么。

在《夫妻抱怨互动性分类》一文中，J. K.阿尔贝茨博士指出："各种研究表明，消极的状态和沟通方式常常会导致不和谐的关系。"这说得比较拗口，其实意思就是，不快乐的两个人，无论他们是朋友还是恋人，总是在抱怨！

你可能认为你在与他人相处中出现的抱怨是独一无二的。然而，阿尔贝茨博士说导致人们互怨的不满可以被归为五大类：

不满的类型	举例
1. 行为（某人的行为或不作为）	"你又像往常一样把袜子扔在地板上！你为什么总是那样做呢？！"
2. 个人特质（他们的个性或信仰）	"你是个大嘴巴。你不停地说话，却从来不听别人说话！"
3. 表现（他们的做法）	"你种树的方法不对，你不知道应该把洞挖得更深吗？"
4. 抱怨（对方的抱怨）	"你总是有事向我抱怨！"
5. 人物形象	"你的头发简直是一团糟，你今天早上梳过头没有？"

在这五种不满中，阿尔贝茨发现，对行为的抱怨占了人际关系中所有抱怨的72%。

想想看，在人际关系所有的抱怨中，近四分之三是关于对方做了什么或没做什么的。事实上，阿尔贝茨发现，对行为的抱怨几乎是排第二的不满类型（个人特质，17%）的5倍，而且是其他类别加起来的3倍多！

我们为什么会这样？因为我们错误地认为，我们的抱怨会促使人们改变他们的行为。但你的抱怨从来没有让任何人，包括你自己，产生积极的改变。相反，当你向某人抱怨时，你就认定了那个人会做出你正在抱怨的行为，他们也就更可能去重复这个行为，而不是改正。

你说"你总是把袜子扔在地板上"，这就像《星球大战》中绝地武士的控心术，你的批评在对方心中留下印记，把他们定义为把脏袜子扔在地板上的人，进而使这种行为根深蒂固。换个方式，请求别人按你所想的去做，效果则会好得多，然后，记得在他们有所行动时及时赞扬，不管他们的表现是不是和你期待的样子相去甚远。

所以，有什么好方法能让自己既不抱怨，又让别人按你希望的去做？

玛莎·M.莱恩汉博士是辩证行为疗法（dialectical behavior therapy，DBT）的开创者，她称之为DEARMAN疗法。她是这样在《DBT技能培训讲义和工作表》中描述其过程的：

DEARMAN	
Describe，即描述情况。描述事实，用中立而不是指责或批评的语气。	"你把袜子扔在地上了。"
Express，即表达你的感受。表明这件事对你的影响。	"当你这么做的时候，我感到很难过，因为我觉得你希望我拿起你的脏衣服。"
Assert，即坚定地表达你的要求。用"我希望"或"我想要"而不是"我不想"或"你不应该"。	"我希望你脱下袜子后，把它们放进篮子里。"
Reinforce，即提前强化他的行为（奖励他）。	"如果你愿意这样做，我会更快乐，我们也更容易相处。"
Mindful，即在自己的心里不断强化你的目标，建立一段快乐、健康、不抱怨的关系。不要陷入攻击或干扰之中。	
Appear，即通过保持眼神交流，并使用平静、平稳的语调来显得坚定。	
Negotiate，即如有必要，进行协商。如果这个人回答"我等会儿会拿起袜子"，那你需要针对"等会儿"是多久与之达成一致：接下来的一个小时内？睡觉前？还是明早起床后？为你的要求何时会得到满足求得明确的承诺。	

> 人们若是受了苦，也必不会让别人好过。每一次抱怨都蕴含了报复。
>
> ——弗里德里希·尼采

最重要的是，不要向别人抱怨。抱怨不仅不会促成你所寻求的改变，而且一旦对方发现你在向别人抱怨他，他更有可能出于报复心理而坚持消极的行为，因为他感到尴尬。

有一对夫妇——就叫他们罗兰和洛兰吧——认识了另一对夫妇，这对夫妇的儿子和他们的女儿正巧同龄。四个大人有很多共同点，孩子们也喜欢一起玩，所以这两家人常常聚在一起。然而，几个月之后，罗兰和洛兰都发现他们开始害怕这些小聚会，直到最后洛兰说："他们都在的时候，我真的很喜欢他们两个，但每当她和我独处，她就只会抱怨她先生。"

罗兰笑了："我和他独处时，他也会做同样的事。他最常做的事也是抱怨他太太。不仅如此，他还试图探寻我们之间可能遇到的问题。我感觉他在试着给我们的夫妻关系挑毛病。"

久而久之，罗兰和洛兰开始疏远那对夫妇，这让每个人都很难过，包括他们的孩子。但真正的悲剧是，那对夫妇从来没有谈论过他们之间的问题，这意味着那些问题并没有得到解决。

不再抱怨意味着开始练习健康的交流技巧。重要的是，要记住，通过直接对话来解决问题不是抱怨。如果你从网店买了东西，而你的订单有问题，联系他们要求解决问题不是抱怨。如果你和别人有矛盾，只要你就事论事地和他们交谈（理想情况下使用上述 DEARMAN 方法）也不是抱怨。正如我们之前讨论过的，事实总是中立的。找能够解决你的问题的公司或个人谈话不是抱怨，这是要求他们承担责任。不去和与你有矛盾的人谈，反而去找另一个人说，就等于制造了"三角问题"。这会继续给你们的关系制造更多问题，而不是解决问题。

在我看来，人际关系主要有两个目的：一是乐趣，二是成长。

乐趣是我们从与他人相处中获得的快乐。在这些关系中，我们向他人展示内心未愈合的伤口，这使我们成长。当我们和某人相处了很长一段时间，往事会被提起，这很正常。SHeDAISY 乐队的歌曲《不必担心》中有一句歌词："我们的身体里都有一个小垃圾站。"而人际关系能帮助我们敞开心扉，处理这些陈年往事，从而帮助我们收获成长。

不幸的是，大多数人会责怪另一个人，并向朋友抱怨以证明自己是受害者，而不是与关系中的另一个当事人一起解决问题。正如畅销书作家盖伊·亨德里克斯所言："大多数夫妻争吵是为了证明自己才是更大的受害者。"这种做法让他们错过了加深感情和清理心灵垃圾的好机会。

要想拥有没有抱怨的关系，你需要记住，所有的关系都会产生问题，你需要去解决它们。好好利用解决问题的机会，成为一个更快乐、情绪更健康的人。

最重要的是，要成功完成 21 天不抱怨挑战，不能光靠等待别人停止抱怨。你要成为一个不抱怨的人，这也会激励你周围的人停止抱怨，同时吸引更积极乐观的人来到你身边。

你所寻求的改变永远不需要从外界寻找，它就在你自己内心深处。亚西西的方济各是这样说的："你就是你寻找的。"

真诚的分享

我的职业生涯遇到了瓶颈，我意识到自己必须改变工作态度。有一天工作时，我打电话给妻子，让她去图书馆的时候帮我借一些提升自我的书。

那天晚上我到家时，桌上放了六本书。我依次翻阅，有一本书着实引起了我的注意——威尔·鲍温的《不抱怨的世界》。我真的很喜欢它传达的信息。这些故事让我产生了共鸣，我无法拒绝 21 天不抱怨挑战。

我给自己买了一本书，开始戴上手环。几个同事也开始了 21 天不抱怨挑战。它变成了一场游戏。我们互相发短信，问对方到了第几天，分享那些让我们重新计算天数的遭遇。

很快，一起喝咖啡聊天成了一项任务。我们必须训练自己谨慎措辞，避免抱怨或说别人闲话。

对我来说，最好的变化发生在家里。一天晚上，我和妻子在厨房接吻，她问我："你注意到我们接吻的次数比平时多了吗？"

我们发现，之前我回家后常常抱怨工作，这让我和妻子都心情不好。这对婚姻关系是不利的。现在，我回家后不再抱怨，这让我们心情变得很好，更享受在一起的时光。

我花了将近六个月的时间才实现第一个完整的 21 天。我改变了我和他人交流的方式，这让我成为一个更快乐的人。

我还经常在车里听这本书，让自己保持这个习惯。

——肖恩·奥康奈尔
新墨西哥州阿尔伯克基

第四章

我们为什么抱怨

消极只会滋生消极。

——伊丽莎白·库布勒-罗斯博士

作家罗素·布伦森曾写过，人们所做的一切都是出于对更高地位的渴望。当你听到"地位"这个词时，你可能认为这说的是别人对我们的尊重，这个词确实有这个意思，但布伦森说的是我们定义自己的方式。

我们都有一个理想中的自己，我们做的每一个决定——关于我们的发型、和谁约会、开什么车、与哪些朋友交往、支持什么事业、住在哪里、有没有养狗（如果有，它有多大、是什么颜色、品种等等）、穿什么衣服，甚至是否有耳洞或文身——都要符合我们对自己身份地位的认知。

地位是我们与他人的相对位置。地位是我们根据自己的偏好与他人做的比较。例如，一个留着长发、穿着扎染衣服、开着一辆老式大众小客车的人认为，他的选择让他比选择穿古驰、开着劳斯莱斯的人更高级。这是由一系列决定组成的，地位是基于个人信念的，所以这个例子中的两个人都认为自己的地位比对方高。

社会地位是一个主要的影响因素，因为他人对我们的尊重加强了我们对个人地位的感受。人类是群居动物，我们需要融入自己想要融入的群体。别人如何对待我们反映了我们在那个群体中的相对地位。

抱怨对维持或提高我们的社会地位有至关重要的作用。我之前提到的心理学教授科瓦尔斯基博士指出了抱怨的五大原因，这些原因都对我们在群体中的地位有影响。当你向其他人抱怨时，你会发现所有的抱怨都是出于这五个原因中的一个或多个。

为了让你更容易理解和记住，我将科瓦尔斯基博士的研究做了总结，只要记住，人们抱怨的五大原因就是"GRIPE"：

Get attention 获得关注

Remove responsibility 推卸责任

Inspire envy 引人艳羡

Power 获得权力

Excuse poor performance 为糟糕表现找借口

获得关注

人类天生就需要得到别人的关注。这种对关注的需求并不是一件坏事。来自别人的关注让我们感到自己是安全、有保障的，并且有人照顾我们。别人的认可给我们一种归属感，让我们知道我们是一个更大群体中的一员。人们通常仅仅因为想要得到别人的注意而抱怨，因为他们想不出另一种更积极的方法来获得他们渴望的关注。

贾斯廷·威尔曼在真人秀《给人类的魔术》的一集中，完美地展示了人们对获得关注的内在需求。威尔曼雇用了几十名演员，给每个人分配了角色，并让他们到公园某个偏远的角落与他一起完成表演。一个男人和一个女人扮演了一对正在野餐的年轻恋人，几个青少年去玩飞盘，两个男人下着棋，一个女人独自坐在毯子上看书。就像在电影里一样，每个演员都被分配了一个角色，他们看起来都只是享受温暖的春日午后的普通人。

威尔曼等待着，直到一个不是演员的人走近。就在这时，他站起来喊道："各位！请大家过来一下，我叫贾斯廷·威尔曼，我是个魔术师。"演员们和那个没有参与计划的人开始慢慢地向威尔曼走去。

威尔曼接着说："我要给大家展示一个神奇的魔术，为此我需要从你们当中随机挑一位来配合我。"他先扫视了一下围观的人群，然后选择那个路过的人说："先生，请你帮我完成这个魔术吧。"那人耸了耸肩，走向威尔曼，其他演员都为他鼓掌。威尔曼把一把椅子放在地上，演员们进一步靠近，然后威尔曼指示那个人坐在椅子上。

"我要让这个人就在你们眼前消失。"威尔曼叫道。演员们表示出不同程度的怀疑。威尔曼用一块防水布盖住了那个男人，说了几句"咒语"后，他扯下防水布，演员们按照要求，都表现得惊讶得喘不过气来。

"他到哪儿去了？"其中一个问。

"你是怎么做到的？"另一个人说。

"这太不可思议了!"第三个人说。每个演员都发出类似的评论，对这个人刚刚"消失"感到震惊和困惑。

当然，这个人并没有消失，他就坐在椅子上。但演员们的表演是如此令人信服，以至于他相信他现在隐形了。他看着自己的手脚，脸上露出了一个大大的笑容。他很激动，他能看到自己，但别人应该都看不到。自己是隐形的! 多么令人兴奋啊!

很快，演员们散开并回去继续扮演自己在公园中的角色，同时这个"隐形"的人走在他们中间。他悠闲地走到人们面前挥手，试图引起反应，但这些训练有素的演员都没有看他。那人从空中抓住了一个飞盘，扔出它的少年表现出惊讶和困惑。隐形人先生走到扮演野餐夫妇的演员面前，打开篮子，取出食物，这对夫妇跳了起来，好像见了鬼一样。

有好一会儿，那男人灿烂的笑容都没有消失。他玩得很开心!

但这位隐形人的快乐只持续了大约6分钟。慢慢地，隐形的喜悦开始减弱，他脸上的表情从"万岁! 我是隐形的，没人能看见我!"的欣喜转变成"上帝啊! 没人能看到我!"的惊恐。

在那一刻，他对隐身遁形这种神奇能力的渴望被人类真正的需要所取代——他想得到别人的注意。

得到别人的注意不是人类的渴望，而是人类的需要!

天气、工作、伴侣、孩子、经济状况和当地的运动队都是人们为了引起注意而抱怨的热门话题，它们会被用来开启一段对话。这种类型的抱怨者真正想表达的是："嘿，注意我！我想和你聊天，我想引起你的注意。但除了抱怨，我完全不知道该说什么。"

如果有人在工作中经常来找你抱怨，可能是因为他们需要引起你的注意。所以，你可以在他们有机会抱怨之前直接采取行动，问问这个人的爱好、家庭、健康状况等等。首先给予这个人关注，这样他们就不会觉得有来向你抱怨的必要。

> 心灵是一个特别的地方，在那里可以把天堂变地狱，把地狱变天堂。
>
> ——约翰·弥尔顿，《失乐园》[①]

你可能会想："我没时间这么做。"那么，你有时间听你的同事不停地抱怨吗？你是否想要改变自己与这个人的关系？

这里有一个让对话变得积极的好方法。你可以问："你（你的家人／你的工作／你的爱好等等）最近好吗？"

[①] 约翰·弥尔顿. 失乐园[M]. 朱维之, 译. 上海: 上海译文出版社, 1984: 254.

出于习惯，无论你抛出什么话题，强迫性的抱怨者可能都会给出不好的反馈。这个人早已习惯通过抱怨引起注意，所以他们从来没有想过自己有可能与别人建立积极的联系。与其抗拒这种反馈，不如接受它。把这当成训练鹦鹉说话，你需要耐心和反复地尝试。但若能与这个人建立一种新的沟通方式，一切都是值得的。

当你的同事开始抱怨时，微笑着巧妙地打断他，再问一次："是的，但你过得好吗？""是的，但你喜欢某某东西吗？""是的，但是你希望看到什么结果？"

就像你需要好几个星期移动手环才能实现一整天不抱怨，你也可能需要好几次才能回到自己的话题上，让你的同事发现自己的生活确实有一些好的方面。要有耐心，也要有同情心。请记住，这种类型的抱怨者生活在恐惧中，他们害怕不抱怨就无法得到别人的注意。

当我还是个小男孩时，我总在爷爷位于南卡罗来纳州曼宁市的五金店闲逛。那里有六个员工，其中我最喜欢的是一个叫威利的人。威利似乎总是有办法吸引顾客，他们之间的任何交流都是愉快和积极的。

他说话不像大多数员工那样循规蹈矩，比如："今天您需要点什么？""我可以帮您点什么？"威利总是满怀真诚的热情，扬着灿烂的微笑问:"有什么好消息吗,我的朋友?"

"有什么好消息吗?"是为了得到顾客的积极回应,而且每次都有效。有一次,我看到一个男人急匆匆地闯入商店,因为另一个店员卖给他的几加仑①油漆弄错了颜色。你都能感觉到那个人的愤怒,但威利还是用他的语言柔术化解了。他问:"最近有什么好消息吗?"顾客愣住了。他站着沉思了一会儿,然后说:"嗯……我女儿上周末结婚了。"威利回答说:"这太好了,我的朋友!这回给你的油漆颜色是对的。"

问别人正确的问题,就可以控制他的思想和态度。"事情进展得顺利吗?""有什么好消息吗?""什么让你这么高兴?""到目前为止今天发生的最好的事是什么?"这些问题将抱怨者的心理轨迹由消极转变为积极,同时他们仍然能得到自己需要的注意。

推卸责任

完成一项任务或项目时没有达到别人的期望,这会对我们的社会地位产生负面影响,损害我们对自己的评价。因此,我

---

① 1美制加仑约等于3.78升,1英制加仑约等于4.54升。——编者注

们会抱怨和任务相关的情况来降低他人的期望，提前为我们的不作为找借口。这是一种先发制人的抱怨，目的是让我们看起来不应该为失败承担责任，最重要的是，让别人认为这不是我们的错。

这种类型的抱怨者会这样说：

> 你想从我这儿得到什么？
> 这不可能，因为……
> 我会，但是……
> 你斗不过市政府。
> 这是市场营销的错。
> 没有人会帮我。
> 我能减肥的，但我的丈夫和孩子们喜欢的食物都让人发胖。

> 责任是一种可摆脱的负担，能够轻易地被转移到上帝、命运、机遇、运气或者是某个邻居身上。在占星术的时代，人们习惯把它转移到一颗星星上。
>
> ——安布罗斯·比耶尔斯

这种类型的抱怨者描绘出毫无希望的结局,甚至都不去尝试,就试图为自己的不作为或失败找借口。"没有用的,所以我不会尝试。"抱怨者说道。这种类型的抱怨者在向那些听他们抱怨的人征求认同,坐实自己受害者的身份。

他们试图责怪他人和环境,来为自己的不够努力辩护。他们抱怨自己的家人、经济形势、没能接受足够的教育、年龄、其他人,以及任何可以被抱怨的东西。他们沉迷于指责。

在《感受当下的旅程》(*The Presence Process*)一书中,迈克尔·布朗准确地把"blame"(指责)这个词分解为"be lame"(变得无能)。无能的人只会抱怨,把自己生活的问题归咎于世界和其他人;他们认为自己没有能力把事情做好,并希望别人能认同他们。不仅如此,你提出的任何能让事情有所改善的建议,他们都会否决。这些人不想要你的建议,他们只想要你认同他们是无力、无助的受害者。

过程是这样的:一个人向你抱怨一个问题,于是你提供了一个可能的解决方案。但你的建议立即被否决,他们抱怨这行不通。再一次,你提出了他们可以尝试的东西,当然这也会被忽视。埃里克·伯恩在他的书《人间游戏》(*Games People Play*)中把这称为"你为什么不……是的,但是"。你提出一个解决方案——"你为什么不……",而某人立即回应"是的,但是……",然后他们会从各种方面告诉你为什么这些建议是无效的。

那些想要"变得无能"的人可以耗费几个小时来玩这个游戏。他们的目标其实是为了让你变得疲惫不堪。他们不是来请你帮忙找出完成任务或解决问题的方法的。听他们说的话,你可能会认同他们,然而事实不是他们说的那样。他们在试着让你承认这个问题无法解决。他们已经为无法完成这件事找好了借口,如果你也认同,他们的不作为就有理了。他们不想承担寻找解决方法的责任,并且希望你能认可他们的处境。

帮助这些人的唯一方法就是不要加入他们的游戏。

励志大师托尼·罗宾斯有绝妙的方法对付这样的人。我是30多年前在他的一次研讨会上学到的,从那以后我常用这个方法,而且每次效果都好得令我惊讶。每当一个人用各种方法表达"这做不到"时,你应该回答:"如果可以呢?你会怎么做?"这句话清晰地表达了关键词是"你",不是"我"。这不是我要尝试解决的问题,因为我提供的任何解决方法都会被否决。问题的关键是"你"不愿意采取有效行动。那么,你会怎么做呢?

你可能对此感到不以为然,或者觉得这听起来太刻意了,抱怨的人难道不会责怪你和他们玩心理把戏吗?然而,就像我说的，这很有用！当一个人开始为做不到什么找出重重借口时，不断问他们："如果可以呢？你会怎么做？"这能够打开抱怨者的思路，让他在原本认为不可能的事情上思考新的可能性。他们会开始思考完成任务的方法，转而尝试实现它。

我认识一个人，他在试图控制自己的饮酒量。但是每次他和朋友晚上出去玩都会抵挡不住诱惑，喝很多酒。他抱怨道："我已经尽力少喝酒了，但每次去朋友家里，那里总会有很多啤酒，然后我就控制不住了。"

我回答说："如果有可能少喝点酒，你会怎么做？"他盯着我看了一会儿，然后说："好吧，我想我可以带苏打水或其他的水去朋友家，或者我可以和其他人一起看比赛。"这些是很好的解决方法，而且往往是可行的，但他的抱怨像烟雾一样迷惑了他自己，让他不用为喝酒负责。

在非洲文化中，如果一个人正面临着艰巨的任务或是处理一些问题，人们不会说"我很遗憾"。相反，他们说"Pole"（发音为波利）。英语中没有跟这个斯瓦希里语单词发音相同的单词，这个词的本义是"我知道你面对的问题很困难，但我确信你有能力成功渡过难关"。

如果问抱怨者"如果可以呢？你会怎么做？"无法让他不再无休止地说"是的，但是……"，你只需要说："我知道你面对的问题很困难，但我确信你有能力成功渡过难关。"这句话不仅表达了同情，而且把提出解决方案这件事留给了该处理它的人：那个想通过抱怨免除自己责任的人。

> 如果你说一件事不可能，你真正想说的是："我不想做。"
>
> ——萨古鲁·贾吉·瓦苏戴夫

这句话对孩子尤其有效。告诉他们有能力自己找到解决方法，孩子的聪明才智常常会让你吃惊。他们会找到方法解决自己的问题，这样你就不用不断地施以援手。人们总说，父母最好的教育方式是让孩子懂得如何照顾自己，而这只有让孩子自己去找到解决方法才行。

引人艳羡

还记得地位的定义吗？地位是我们相对于其他人的位置。换句话说，如果没有与他人的比较，我们也不会有地位。所以人们抱怨，是想激起他人的艳羡，其实这只是另一种形式的吹嘘！

一个人抱怨另一个人，是在暗示他自己没有这样的缺点。

抱怨"我的上司太愚蠢了"，是在间接表达"我比我的上司聪明，事情如果让我掌管会比现在好得多"。抱怨"我的丈夫很邋遢"，其实是抱怨者在吹嘘她自己很整洁。抱怨"她开车像个疯子"，可以理解为"我是一个很棒的司机"。

抱怨者经常无法意识到这一点。你的任务是帮助那个人摆脱这种通过负面比较来提升自己地位的需求。人们为引起嫉妒而抱怨，实际上是想得到赞美。他们感觉到空虚，所以攻击其他人来让他们自己看起来更好。

这经常适得其反。在一项关于抱怨的研究中，研究者发现，当一个人抱怨另一个人的某种品质时，实际上听到抱怨的人会认为是抱怨者本身具有这种品质。"她很懒而且缺乏动力。"听到的人会认为是正在抱怨的人很懒而且缺乏动力。

人们也可以通过吹嘘他们的好运气来提高地位。但是几乎在所有文化中，自吹自擂都被认为是无礼的。所以为了提高地位，人们转而抱怨他们的好运气。

我有一个朋友，十多年来我们每个星期都会一起相聚喝咖啡。他赚了很多钱，还买了一艘50万美元的船。一天，我们坐在咖啡店里，我的朋友意识到有几个朋友在隔壁桌，于是他向后靠了靠，大声说："你知道吗，威尔，你本希望花50万美元能得到一艘更好的船，不是吗？"果然，那些朋友冲过来问他："你买了一艘 50 万美元的船？"

几个星期后，我们喝咖啡时，我的朋友注意到一些朋友走过，然后他从衣服口袋里掏出船钥匙说道："你知道吗，威尔，买了一艘 50 万美元的船以后，你就需要能浮起来的钥匙环了。"我呆呆地坐着，试图想明白为什么有人会带着一艘船的钥匙来咖啡店，直到我意识到这是有预谋的。他早已准备好，一旦发现这里有他想要留下深刻印象的人，他就会通过抱怨来炫耀。他通过抱怨而不是自夸，提高了自己的社会地位。

> 知道自己在吹牛的人应该感到害怕，因为每个吹牛的人都会被发现只是个蠢货。
>
> ——威廉·莎士比亚

如今有一个流行词叫"炫富"。炫富是炫耀性消费的代名词，是一种通过购买商品或服务来彰显财富和提升社会地位的行为，为了让别人相形见绌。

讲闲话也是一种抱怨，这是为了引起他人嫉妒而做的抱怨。你要是讲了闲话，就应该移动手环。讲闲话的背后，是人们想要暗示自己比故事中的主人公要优秀，以此提升自己的社会地位。

讲闲话是指当某人不在场时说他的坏话。我要澄清一下,这不是说你不能谈论别人,我的意思是说:只谈论不在场的人的正面品质。并且,说一样的话,用一样的语气,就像这个人在场时一样。

"但那就没有任何乐趣了。"很多人向我发牢骚。

确实。人们讲闲话不是为了分享信息,而是为了指出别人身上他们认为不好的品质,相比之下显得自己更好。

我还发现了一件更有趣的有关人们用抱怨来引起他人嫉妒的事:人们不光吹嘘自己是最棒的或拥有了最好的东西,讽刺的是,他们也吹嘘自己拥有最坏的东西。我曾在一个小机场听一个女人向坐在她旁边的一对夫妇滔滔不绝地讲在她所在的城市中生活会面临的诸多可怕困境。她不停地讲述她那里的犯罪、污染和腐败,而这对不幸的男女一边点头,一边不自在地在座位上挪动。让我印象深刻的是,这个女人实际上是在吹嘘自己能够忍受她提到的所有挑战。

这让我想起英国喜剧表演团体巨蟒剧团的滑稽短剧《四个约克郡人》。

剧中,四位严谨优雅、来自英国约克郡的绅士坐在一起,品尝着昂贵的红酒。他们的交谈一开始是对自己成功的感恩,然后就情绪微妙地转为消极。随着情节的推进，他们开始通过抱怨互相较劲，最后一发不可收。

一位绅士表示，尽管他现在很有钱，但他年轻时能买得起一杯茶就已经很幸运了。第二位绅士想胜过第一位，便说他如果能买一杯冷茶就很幸运了。

> 没有人会在背后说别人的美德。
>
> ——伯特兰·罗素

其他人也加入进来，抱怨的声浪加速蔓延。很快，他们的论调演变得荒唐可笑，每个人都想证明自己的早年生活是最艰苦的。一位绅士讲述了自己还是孩子时居住的房子有多么破旧。第二位绅士咂咂嘴，翻了个白眼然后说："房子！你有个房子住是多么幸运！我们曾经26个人住在一个房间里，没有家具，一半的地板都不见了，我们所有人都挤在一个角落里生怕掉下去。"

你来我往之间，他们的经历变得越来越悲惨。另一个人说："唉！你真幸运，还有房间住呢！我们曾经不得不住在走廊里。"

"喔！我们以前还梦想能住走廊呢！"另一个人说，"我们曾住在一个垃圾场的旧水箱里。每天早上醒来，都有一堆腐烂的鱼在我们身上！"

"好吧，我说的'房子'只是一个有防水油布盖着的地洞，但它对我们来说算是房子了。"

"我们还被从地上的洞里赶了出去，我们不得不住在湖里。"

"你有一个湖已经够幸运了！我们150个人住在大马路上的鞋盒里！"

最后，一位绅士觉得这个比赛已经进行得够久了，而且他一定会胜出，他的眼神坚定。"那好吧……"他深吸一口气，坐直了身体，大声说道，"我每天都得早起，晚上10点，也就是睡前半小时，我会喝上一杯硫酸，我每天在磨坊里工作29小时，而且还得付钱给磨坊主，以获得上班的许可。当我们回到家时，我们的父亲会杀了我们，然后在我们的坟墓上跳舞，高唱'哈利路亚！'"

正如剧中所描述的，抱怨，尤其是抱怨发生在自己身上的坏事，也是一种竞技！抱怨只有一个发展方向：变得更严重，绝不会减轻。如果有人在抱怨一些严重的事情，而另一个人却抱怨一些小事作为回应，我们会认为后者麻木不仁。抱怨总是会不断升级，这就是为什么抱怨会如此快地失控。

一项有趣的研究证明了人类的升级倾向。两个人面对面，其中一人被要求轻轻地抓住另一个人的前臂。然后，这个人被告知要捏对方的前臂。接下来，角色互换，第二个人被要求捏第一个人的前臂，用与他之前被捏时完全相同的力道。角色再一次互换，要求还是一样的："用与别人捏你胳膊时一样的力气去捏对方。"他们反反复复地进行这个动作，同时研究人员测量他们捏对方时施加的压力。科学家们发现，参与者们每次捏对方时，施加的压力平均比自己受到的高了14%。这意味着，仅仅在两人互相捏手臂7次之后，他们给对方施加的压力就变成实验开始时的两倍。这证明，无论是捏别人的胳膊、争吵还是抱怨，让严重程度升级都是人们天性。

> 那些有能力惹恼我的人，我不在乎他们。
>
> ——拉尔夫·沃尔多·爱默生

通过抱怨或讲闲话来引人艳羡的人会说得越来越多，试图让你加入，并认同他们的观点。然而，如果你这样做，你只会招来更多、更过分的抱怨。相反，你应该把注意力从那人正在抱怨的东西上移开，放在抱怨者真正希望的地方：他自己！你可以淡定地夸奖他，说他非但没有这些问题，反而还有许多优点。

比如，如果你在公司正准备开会，这时一位叫菲利普的员工说："我们该开会了，但朱莉又迟到了，她总是这样！"你应该赞美菲利普做了相反的事："你知道我欣赏你哪一点吗，菲利普？你总是很准时。"

不要解释你为什么这么做，这样做会让这个技巧失效。你要做的是听到抱怨背后的意思，然后赞美抱怨者，因为他的行为和他抱怨的行为截然相反。很快，那个人会觉得他的地位已经被充分地抬高，不再需要抱怨别人来引人艳羡。

获得权力

没有什么比权力更能提升社会地位了，而抱怨是人们用来购买权力的货币。

什么是权力？权力就是人。有越多的人站在你这一边，你就会被认为拥有更大的权力。政治家之所以有权力，是因为他们得到了别人给予的支持，因而获得了权威。对政治家来说，最重要的是拉拢尚未明确阵营的选民，因为当人们保持中立时，政治家的权力不会增加。要做到获得政治权力，最有效的就是抱怨。

想象一下，如果我在佛罗里达州竞选参议员，我的竞选广告是这样的：

大家好，我是威尔·鲍温，我将在伟大的佛罗里达州竞选参议员。我只是想让你们知道，我认为华盛顿特区的政客们做得很好。事实上，我不会做任何改变。所以，请选我进入参议院，这样我就可以为了让一切保持现状而贡献力量。投票给鲍温就是投票支持现状！

我会当选吗？当然不会！如果一个政治家不抱怨，就相当于他没有在竞选。为了建立竞选基础，政客必须让人们对现状感到失望！这就是为什么在过去的几十年里，政治话语变成了政治抨击——这是在日益分裂的媒体格局中脱颖而出的唯一途径。

> 权力不是手段，权力是目的。建立专政不是为了保卫革命；反过来，进行革命是为了建立专政。
> ——乔治·奥威尔

我称之为愤怒和参与。令人遗憾的是，想要持续吸引一个人的注意力，激怒他要比向他展现充满希望的愿景容易得多。这很可悲，却是事实，这又回到了我们之前谈到的消极偏见。

大约10年前，我飞到华盛顿特区去发表演讲。到达后，我从机场搭大巴去酒店。司机把我的行李放在后面，打开车门让我进去。车上只剩下一个座位了，我坐上去的同时注意到了坐在旁边的那个人，他的衣着让我很担心。

那天很热，接近32摄氏度，但我的邻座穿着一件厚重的长羊毛大衣，戴着一直到肘部的手套，脸上戴着不是一个，而是两个滑雪面罩。我很担心，因为我刚离开机场时就被告知目前恐怖主义威胁级别是橙色，而现在我正坐在一个很有恐怖主义气息的男孩旁边。

更糟糕的是，他不停地俯身问我："嘿，伙计，现在几点了？"

"是时候离开这辆该死的车了。"我心想。

但后来我得知他是个作家，正要赶去参加电台采访，而且快迟到了。我告诉他，我也是一名作家，并询问他正在推广的书是什么。

他说他曾为美国两大政党之一工作，他的工作是挖掘对方政党候选人的一切负面信息。他的调查将被候选人的竞选团队用来准备对手的负面广告，动摇选民。

"我写了一本关于竞选中肮脏勾当的实用指南，"他说，并继续问道，"那么，你的书都是关于什么的？"我强忍着笑，告诉他我的书是关于不抱怨的力量的。接着是长时间的沉默。

我想换个话题，就问："今天真的很暖和，你怎么穿这么厚的衣服？"

"这是最奇怪的事情,"他解释说,"我以前住在华盛顿,但是现在我必须住在佛罗里达。我来华盛顿时,很容易抽搐,还会犯哮喘。我必须穿成这样,否则就会对空气中的某些东西产生反应,无法呼吸。"

当我们抵达他住的旅馆时,我心想:"多有趣啊……你的工作就是把环境搞臭,然后你就不能呼吸了。伙计,你这是咎由自取!"

不仅政治是由抱怨驱动的,所有媒体——尤其是社交媒体——也是如此。

如果你还没看过电影《监视资本主义:智能陷阱》,我强烈推荐你看看。来自优兔、脸书、推特、照片墙和其他社交媒体平台的前高管在影片中坦白交代,他们使用的算法会让你更长时间地沉迷于他们的平台。

> 权力不会腐败。恐惧腐败……也许是对权力丧失的恐惧。
>
> ——约翰·斯坦贝克

他们发现,如果让你看一些与你的兴趣爱好一致的东西,他们接着就可以推荐那些会让你对某些东西越来越愤怒的故事和视频，直到你渴望他们提供的内容。你花在平台上的时间越久，就会看到越多的广告，社交媒体巨头能赚到的钱也就越多。

我们要非常感谢史蒂夫·乔布斯的发明，尤其是智能手机。但我在想，当他2007年推出首款iPhone时，是否会欣赏这只自己从笼子里释放的怪物。因为智能手机是抱怨和愤怒的头号来源。

为什么？因为我们离不开手机，而且它们被设计得让我们越来越上瘾。根据剑桥在线词典，2018年的年度词汇是"无手机恐慌症"（nomophobia），意指人在失去手机的情况下表现出的焦虑。据电子产品点评网站Reviews.org的最新数据，75%的美国人表示他们对手机成瘾，超过65%的人承认睡觉时手机会放在身边。一个成年人平均有近70%的清醒时间（每天11个小时）盯着屏幕。和手机分开短短10分钟后，就有人表现出轻中度的焦虑，就像一个脱离毒品的瘾君子。多吓人，不是吗？

我们对手机越来越上瘾的现实，会导致可怕的后果。

根据《美国医学会杂志》的一项研究，沉迷于智能手机的个体通常会感受到更大的孤独感，这会对身心健康产生严重影响，包括睡眠质量差和免疫功能下降。一旦智能手机用户陷入一种频繁关注负面新闻的模式，他们的情绪只会恶化，焦虑感会增加，陷入通常所谓的"阴暗刷屏"状态。

手机是我们访问"新闻"和社交媒体的主要途径，有研究发现，这两样东西使用得越多，我们就越不快乐、越焦虑。

说到社交媒体，如果你仔细想想，这种精神压力的增加也说得通。

之前提到，我目前住在佛罗里达州的基拉戈，这是一个位于迈阿密以南一小时车程处的热带岛屿。基拉戈人经常做的一件事就是聚集在海湾边欣赏美丽的日落。

有一天，我带着我的黄金贵宾犬泰德去公园看日落。太阳从炽热的白色逐渐变成柔和的黄色，在完全落下海平面之前呈现渐变的火红色和橙色，混有蓝色的阴影。我拍了一张泰德在日落前的照片，发在脸书上。好吧，我说的并不完全准确。实际上我拍了很多照片，然后一张一张地看，找出一张最特别的，接着裁剪照片，加上滤镜，让画面更加壮观，然后我才发布。这是我们所有人都会在社交媒体上做的。

只有两个行业会把他们的消费者称为"用户"：非法药物和软件。

——爱德华·塔夫特，《监视资本主义：智能陷阱》

为了提升自己的形象，我们发布自己生活最美好的时刻，有时甚至是不真实的版本。因此，当我们的朋友、家人和关注我们的人看到这些照片，会认为我们过得比他们好得多。这导致了一种普遍的不满足感。"我的生活远不如那个人的好。"许多人会这样想，却忘记了被发出来的照片不仅是精挑细选后最完美的，也是经过修饰，看起来更好看的。

过度使用社交媒体会带给我们一系列问题，我称之为戈贝尔综合征。喜剧演员乔治·戈贝尔曾受邀在约翰尼·卡森主持的《今夜秀》上与鲍勃·霍普和迪安·马丁——当时世界上最大牌的两位明星——同台演出。戈贝尔看着坐在他旁边的超级巨星说："你们有没有过这样的感觉：世界是一件燕尾服，而你是一双棕色的鞋子？"

为了让自己在社交媒体上看起来更好，我们会让别人觉得过得没有我们好，就像一双在燕尾服世界里的棕色鞋子[①]。而这一切都是相互的。当我看到我的代理人史蒂夫·汉泽尔曼在脸书上发他那些令人兴奋的旅行、餐馆、百老汇剧和家庭活动时，我发现自己的生活与他的生活相比还不够好，于是我不再感激我拥有的幸福，而是在对比后感到嫉妒和不满足。

[①] 按照礼仪，穿燕尾服时应搭配黑色鞋子。这里的"棕色鞋子"意在表达一种格格不入，甚至自惭形秽的感觉。——编者注

社交媒体使与他人比较和向他人抱怨变得更加容易，因为它发掘出我们内心深处的不安和恐惧。传统媒体也一样被抱怨推动。还记得我在前言中提到的"危机！"和"好消息！"两种头条的对比吗？令人沮丧的新闻吸引我们继续阅读或收听，这样媒体就能卖出更多广告。他们的目的是让你尽可能频繁、长时间地参与，抱怨实现了这一点。

阿利辛·卡梅罗塔是前福克斯新闻主持人，后来调去了美国有线电视新闻网工作，她在播客《惨败》上接受采访时，谈到了她在福克斯新闻的经历："我们确实在培养观众的愤怒。通常，节目会暗示观众：'你会被激怒的，就在广告之后。'我们告诉观众，不要走开，等待愤怒的到来；我们告诉他们，他们会感到愤怒；我们后来才告诉他们，我们确信他们会感到愤怒。然后你瞧，他们真的愤怒了。"这意味着观众收看时间更长，让广告商有更多机会向他们推销产品。让观众愤怒，然后延长收看时间的手段屡试不爽。

在 1968 年的电影《乱笼世界》中，一种快乐病毒开始在纽约市蔓延，感染了大部分城市居民。城市和国家官员都开始担心，而不是庆祝人们这种积极的变化。

习惯就是习惯，谁也不能将其扔出窗外，只

能一步一步地引其下楼。

——马克·吐温

政府首脑们认为病毒的扩散将威胁城市的经济命脉，因为如果居民们都很快乐，对彼此友好，都不再购买烟酒和非法药物了，这会导致证券交易所和商业区破产。

虽然这部电影是虚构的，但它指出了一个伟大的真理：与嘴上说的相反，当权者不希望你快乐，不希望你不抱怨，因为这会威胁到他们的权力。

为重新获得掌控生活的权力，你可以这样做：

1. 关掉你的手机、电脑和平板电脑上所有的提醒和通知。现在就做！顺便说一下，你有没有注意到，大多数应用程序不再称之为"提醒"，而改称为"通知"？这是因为没有人想被提醒，但所有人都想被通知。关掉它们！并且，每当你添加了一个新应用，被问及是否需要通知时，选择"否"。你看手机已经看得够多了！

2. 当你在工作，或和家人朋友出游时，尤其是在开车时，把手机关机或者切换到专注模式。开始改掉沉迷看手机的习惯。每年全球有超过10万人因开车时使用手机死亡。留心自己难以抑制地想看手机的冲动，抓紧你的手机，直到冲动消退。试着在更长时间段里不用手机。正如马克·吐温所建议的那样，把习惯一步一步地引下楼，而不是把它扔出窗外。

3. 要意识到有人——尤其是媒体——试图通过向你抱怨来利用你的权力。不要为了一次抱怨而出卖你的权力和宝贵的时间。如果有人向你抱怨某种情况，保持沉默，或者改变话题。如果有人向你抱怨别人，试图和你建立同盟，一起抱怨那个人，你只要说："听起来你们两个需要谈谈。"这巧妙地让抱怨者知道你不会加入，他和别人的矛盾应该由他自己和那个人直接沟通解决。

为糟糕表现找借口

根据美国国家心理健康研究所的数据，75%的人表示公开演讲是他们最害怕的事情。许多人表示，他们感觉站在台上向观众发表演讲比死亡更可怕。

> 善于找借口的人很少能做好其他事。
> ——被认为出自本杰明·富兰克林

然而，我不这么认为。我这么说，是因为我和我认识的许多其他专业演讲者不仅不害怕公开演讲，而且很热爱它！为什么？因为我们相信自己很擅长这件事。在我看来，人们害怕的不是演讲本身，而是面对观众时可能出现的尴尬场面。和一个人讲话时说了一些蠢话，或者忘记了我们的思路，这已经够糟糕了，而公开演讲就意味着在更大的场合感到尴尬的可能！

我估计自己在过去的30年里做了大约750次演讲，只有一次完全搞砸了。不幸的是，在我做过的所有演讲中，那次演讲给我的印象最深，而且每次一想到它还是会出一身冷汗。

那一次的情况是，我在短短几天内发表了几次演讲，我认为自己已经能信手拈来。对那次演讲，我并没有很上心。在台上，我忘记了自己说了什么，没说什么。我拼命思考自己讲到了哪里，当观众困惑地盯着我时，恐惧攫住了我的身体。我的心怦怦直跳，脑子里一片空白。想起我讲到哪里是不可能了；那一刻，我把演讲内容全忘了。似乎过了很长一段时间（实际上不到一分钟），我记起了自己讲到哪里并继续下去，但刚刚发生的事情让我内心崩溃。我在那些观众心中的形象已经彻底崩塌，我很清楚。我很尴尬而且痛苦。

我们最大的恐惧是感到尴尬，为了避免潜在的尴尬，我们会做任何事来隐藏我们的错误。当我们在某件事上做得不好时,抱怨别人和环境是为我们的糟糕表现找借口的最好方式。

在人们抱怨的五大原因中,你可以把"为糟糕表现找借口"看作"推卸责任"的过去式。

当有人试图推卸责任时,是因为他们被安排了任务,且担心自己达不到要求,所以他们抱怨与任务相关的情况,以降低其他人的期望。

当有人试图为糟糕的表现找借口时,他们应该已经尝试过做某事,但发现自己做不到,但他们不想承认自己的失败,所以他们就去责怪别人。

换句话说,人们在进行尝试之前就开始抱怨是为了推卸责任,在尝试之后抱怨是为糟糕表现找借口。

我们都很熟悉在选举失败后指责媒体的政客,击球失败的高尔夫球手说"我后挥杆时有人咳嗽了",开会迟到的人抱怨交通问题,上学迟到的孩子责怪妈妈没有按时叫醒他们。

我们对维持自己社会地位的需求极为强烈,导致我们会为了给糟糕表现找借口,指责除自己以外的任何人。

99% 的失败来自那些习惯找借口的人。

——乔治·华盛顿·卡弗

可悲的是，这种做法往往会奏效。如果能让对方买账，认同这次失败不是我们的错，我们不仅可以恢复社会地位，甚至在某些情况下还可以提高它。我们不是一个失败的人，而是一件我们无法控制的事情的受害者。

用抱怨来为糟糕的表现找借口的例子比比皆是。

2003年，在为芝加哥小熊队效力时，棒球传奇人物萨米·索萨在与坦帕湾魔鬼鱼队①的比赛中作弊被抓——他将软木塞在球棍里。软木比木头或铝轻，因此能加快击球手的挥击速度，并使击球手更好地掌握击球时机。当索萨被发现使用违规的球棒时，他抱怨说这不是他的错，因为有人给了他一个练习用的球棒，而不是比赛用的球棒。

英国前首相鲍里斯·约翰逊被指控使用非法药物，他的解释堪称传奇。约翰逊承认自己在伊顿公学上学时尝试吸过可卡因。但他为自己开脱，说当他试图用鼻子吸毒品时不小心打了个喷嚏，把所有的可卡因都吹走了。

最奇异的借口之一来自德里克·麦格隆，他是苏格兰的一位音乐教师。他十分讨厌自己的工作，于是反复打电话请假，找各种各样的借口不去上班。有一次，他甚至把他生病的原

---

① 2007年，队伍改名为坦帕湾光芒队。——编者注

因归咎于火山灰，而喷发的火山远在足足1126千米外的冰岛。麦格隆最恶劣的借口是声称发生车祸，出了人命。麦格隆说他在开车时意外撞死了一个小女孩，所以当然，他应该暂时停止教学。幸运的是，这只是一个借口——没有发生事故，没有小女孩，也没有人受伤。

对我来说，为糟糕行为找借口而抱怨的最好的例子来自超级影星伍迪·哈里森。2009年4月8日，哈里森的电影《丧尸乐园》刚刚杀青，他在坦帕机场被一个记者搭讪。在试图让这个记者停止拍照后，哈里森猛地打了记者一拳。于是记者向港口管理局投诉。

证词中，哈里森这样解释："我以为他是一个僵尸。"接着他说他深陷于电影中饰演的消灭僵尸的角色，所以他认为这个记者是一个活死人，本能地揍了他一拳。

"这不是我的错"是一个抱怨的人为自己的糟糕表现找借口的隐藏含义。这是一种迫切且通常很可笑的尝试，企图维持自己的社会地位，避免尴尬。

在日常生活中，我们很少听到这样怪异的借口。我们或许能听见的最常见的借口是"狗吃掉了我的作业"。但是请记住，所有这些借口都是抱怨者在试图摆脱他们的糟糕表现所带来的困境。

你的目标应该是不要回应他人找的借口，而是让他保证在未来会做得更好。为什么？因为他们已经失败了，如果你试图深究他们的借口，首先他们会变得戒备，其次无论你说什么，他们都只会找出更多的借口。

告诉你一个万能的回应方式："下次你计划怎么改进呢？"把责任重新交回给抱怨者，让他们去为未来的事件找到解决方法。

总而言之，这里再次说明人们抱怨的五类原因，以及如何回应这些抱怨。

抱怨的目的	回应
引起注意	"事情进行得顺利吗？"
推卸责任	"可以的话，你会怎么做？"
引人艳羡	赞美他们拥有与自己抱怨的相反的品质。
获得权力	"听起来你们两个人有很多要谈。"
为糟糕表现找借口	"你下次计划如何改进？"

真诚的分享

我第一次听说这个绝妙的计划是在《今日秀》节目上。我开始问同事有没有兴趣参加。大多数人都愿意，于是我们就订购了手环。我们决定在等待手环送达的同时挑出一个工作日，在那一天尽量不要抱怨。我们现在把星期一定为"不抱怨星期一"。

我们在公司的公告栏和办公室周围张贴了标语，提醒大家不要在星期一诉苦、发牢骚或抱怨。这真的让我们很受鼓舞，现在每逢星期一，我们都会用"欢迎来到'不抱怨星期一'！"来相互打招呼。

想想看，人生苦短。我们总是在寻找生命中的重大福祉（比如赚更多钱、有稳定工作、减肥等等）。但我们需要从寻找每一天生活中的"小确幸"开始。

我觉得这个计划很棒。我们真幸福啊！

——萨莉·司克蕾
俄亥俄州肯特市

> 禁止抱怨！
> 每次抱怨罚款100美元。

布朗爱

凯西被剥夺了她最喜欢的表达方式，她只能沉默——但她的同事因此轻松不少。

第五章

觉醒时刻

不抱怨的人,幸福会光临。

——阿布·贝克尔

一名年轻的修道士加入一个要求谨守静默戒律的教团。所有人都要在修道院院长同意之下才能发言。将近5年后,院长终于来到他的面前,对他说:"现在你可以说两个字。"

修道士字斟句酌,说:"床硬。"院长认真考量之后说:"很遗憾你的床不舒服，我们会看看能否给你换张床的。"

又过了5年，院长来到修道士面前说："你可以再说两个字。"

沉思片刻后，修道士轻声说："饭冷。"

"我们会想办法给你提供热饭的。"院长回答说。

在这个修道士入院15年的时候，院长允许他再说两个字。

"退团。"修道士说。

"这也许是最好的，"院长耸耸肩回答道，"自从你来到这里，除了抱怨什么也没做。"

就像那个年轻的修道士，你可能没有意识到自己常常抱怨，但现在你已经觉醒了，知道自己的确经常抱怨。

我们都有过这样的经验：把身体重心放在某只胳膊或某条腿上，长时间坐着、靠着或躺着。一旦我们转移重心，血液回流到肢体，我们就会感到刺痛。这种刺痛是不舒服的，甚至是痛苦的。同样，当你开始意识到自己抱怨的天性，也会不舒服。如果你像大多数人一样爱抱怨，如今突然意识到自己抱怨得多么频繁，可能你会大吃一惊。没关系。继续移动手环，坚持下去，不要放弃。在本书的后面，我将用整整一章来讲述承诺的力量，但现在你只要记住，坚持不懈也有不可思议的力量。

> 你就是你寻找的。
>
> ——圣亚西西的方济各

在第二章中，我提到过我小时候严重肥胖。在高中的最后一年，我终于减掉了差不多100斤。当朋友们问我是如何节食的，取得了这么好的减肥效果，我诚实地回答："我持之以恒的那种。"我曾试过几十种节食计划，最终选择了其中一种坚持了下去，效果也很理想。

所以，即使你对自己有多常抱怨感到震惊和尴尬，也要坚持到底，成为不抱怨的人。当你觉得有理由抱怨时，坚持下去。当你渴望把自己描绘成受害者并获得他人的同情时，坚持下去。最重要的是，即使你已经连续好几天没有抱怨，一不小心又失败时，也要坚持下去。即使你已经到了第20天，也要移动手环，重新开始。只需要这样就够了——一遍又一遍地重新开始，移动手环。套用温斯顿·丘吉尔的话："成功就是在一次次失败中蹒跚前行，依然不减热情。"

我的爱好之一是抛接杂耍。我是从一本书上学会的，那本书还附带了三个方形沙包，里面装满了压碎的山核桃壳。沙包形状和内容物的设计都是为了防止沙包落地后滚走。而这些沙包隐含的重要信息就是，它们就是要落地的！

多年来，我会在女儿的学校活动和其他场合表演抛接杂耍，但一向委婉地拒绝参加才艺秀。抛接杂耍不是一种才能，而是技能。才能是与生俱来的，要经由陶冶栽培才能臻于至善，而技能是大多数人只要投入足够的时间就能学会的东西。

> 实现任何有价值的事情的三大要素是：努力工作、坚持不懈和常识。
>
> ——托马斯·爱迪生

当我表演抛接杂耍时，人们经常会说："多希望我也能做到啊。"

"你可以的，"我说，"你只需要练习足够长的时间，并坚持下去。"

"不，"他们经常说，"我的协调性不够好。"这句话免去了他们尝试和付出任何努力的责任。

我曾经教人玩抛接杂耍。我总会先把一个不滚动的沙包递给他们，叫他们把沙包扔在地板上。

我告诉他们："现在把它捡起来。"学生们照做了。

"现在再扔一次。"他们还是照办了。

"好！捡起来。"

"扔掉它。"

"捡起来。"

"扔掉它。"

"捡起来。"

我们会重复很多次，直到他们开始厌倦这个练习。他们问："这和学习杂耍有什么关系？"

"息息相关。"我说，"如果你想要学会抛接杂耍，你必须准备好这样掉掉捡捡几百次。但是如果你坚持下去，就一定会学会。"我向学生们保证。

只管继续捡沙包。即使你很累很沮丧，也要把它们捡起来重新开始。当别人嘲笑你时，把它们捡起来。当你觉得自己比上次失误前坚持的时间更短时，把它们捡起来。只管坚持把它们捡起来。

每次我学习一种新的抛接招数，一开始都是不断掉沙包、捡沙包的状态。第一次试着抛棒子时，我把一根棒子抛向空中，棒子的木头手柄狠狠地砸在我的锁骨上，留下疼痛和伤痕。于是我把棒子丢进壁橱，决定再也不学了。

当听说不抱怨挑战时，很多人说："多希望我也能做到啊，但我做不到。"尽管他们从未尝试过。

一个人如果把自己的紫色手环丢进抽屉，那他永远不会成为不抱怨的人。我要是把棒子丢在壁橱里积灰，那我根本不可能学会这种招数。一年后，我把它们翻出来再次尝试。

当它们朝我的方向旋转时，我小心地避开坚硬的手柄。我试着同时把三根棒子抛在空中，反反复复地失败。然而，因为我坚持了下来，所以现在我不只会耍棒子，还能耍刀子，连燃烧的火把也照耍不误。

> 抱怨问题而不提出解决方法，这就是发牢骚。
> ——西奥多·罗斯福

只要愿意反复捡球、捡棒子、捡刀子、捡火把，任何人都能学会抛接杂耍。只要愿意一而再，再而三地移动手环，重新来过，任何人都能成为不抱怨的人。

你可能想知道，自己到底是在陈述事实，还是在抱怨。记住，抱怨和事实陈述的区别在于你在话语中灌输的能量。根据罗宾·科瓦尔斯基博士的说法："某种特定的陈述是否算是抱怨……取决于说话者内心是否正有不满意的情绪。"抱怨和非抱怨的用词可以是相同的；这两者的区别在于你想表达的意义，以及你隐藏在言语之下的能量。

在有意识的无能阶段，你开始意识到自己说了什么，更重要的是这些话背后的能量。

放轻松，最快完成 21 天不抱怨挑战的人没有奖励。事实上，对那些说他们开始挑战一个星期就已经坚持 7 天不抱怨的人，我更多的是表示怀疑。根据我的经验，这些人都没有意识到自己在抱怨。他们可能已经戴上了手环，但仍然在无意识的无能阶段徘徊。

我见过的那些真正取得进步的人，应该和一个不久前在我的脸书上留言的女人类似，她说："10 分钟前我拿到了手环……我已经移动了大概 5 次。"一个小时以后她又写道："我已经移动 10 次了！"

我只回复了一句："坚持下去，你已经走上正轨了。"

成为一个不抱怨的人，是要接受那些无法改变的东西，而不是和它对着干。

30 年前，我曾短暂从事过人身保险销售，干得很成功。我在公司工作的第一年，销售业绩就在近 1000 名同事中脱颖而出，排名前九。作为表现最好的几个人之一，我得到的奖励是一次双人欧洲游，包含为期一星期的莱茵河游船和接下来一星期在苏黎世观光购物。

我的妻子特别兴奋，因为这将是她第一次去欧洲旅游，我希望一切都能完美进行。然而就像老话说的，谋事在人，成事在天。

我们从堪萨斯城飞到纽约，搭乘飞去德国的国际航班，飞行员接入公共广播系统说有一个大风暴正在逼近纽约。他说在恶劣天气过去之前，我们不得不进入距离约翰·肯尼迪国际机场几百英里①的等待航线。我和妻子面面相觑，心情低落，因为我们的第二程航班接得很紧。

我们的飞机慢慢地在空中画着大圈盘旋，等待暴风雨过去。我们反复地看时间，希望还有可能赶上飞往德国的航班。一个多小时之后，显然没希望了。

> 毕竟，有时候一个人能做的最好的事就是随遇而安。
>
> ——亨利·沃兹沃思·朗费罗

"也许国际航班也因为暴风雨而延误了。"她满怀希望地说。

"或许吧，"我说，"我想我们只能等着看了。"

最终我们在肯尼迪机场降落，却失望地发现为了躲避暴风雨，飞往德国的航班其实已经提前起飞了。我们现在被困在了

---

① 1英里约等于1.61千米。——编者注

机场。我们拨打了航空公司的客服电话，被告知在早上5点之前他们也无法为我们做任何事，而那时大约是夜里0点15分。

机场里挤满了同样误机的旅客，他们看起来都很疲惫，而且焦虑不安。我们在大厅里走了一圈也没有找到一张椅子可以打个盹。于是，我们脱下外套铺在地板上，虽然不太舒服，但还是睡了几个小时。

凌晨4点半，我们打电话给旅游公司，被告知我们不能飞到原本计划飞的城市，因为和我们的航班一样，我们的船已经起航了。她说我们必须沿着船的路线与它会合。她非常乐于助人，告诉我们要把航班的目的地改签到哪里，就可以和已经在莱茵河上航行的旅行团成员会合。

于是我们给航空公司打电话重新安排，得知下一班离开约翰·肯尼迪国际机场去那个目的地的航班要等整整17个小时。我们努力让情况变得更好一点，最后找到了几个位子，稍作休息，等待着。

飞到旅游公司建议的城市后，去游船停泊的港口必须再换乘两次火车。我们等了3个小时，疲惫得眼睛都睁不开了，才爬上第一班火车，坐了几个小时。到了车站，我们又花了几个小时等候换乘的火车，它将把我们带到最终目的地。

谢天谢地，第二次车程只有一个小时。最后，我们停在了游轮的正前方。我们知道就是那艘船,因为我们看到许多人穿着公司发给我们、专门在旅行时穿的运动服。我们认出几个公司里的人,他们也发现了我们,冲到火车跟前,激动地挥着手,大喊着向我们问好。

我和妻子收拾好行李,疲惫地走到门口准备下车。但是门没有打开。我按了一下手柄,什么也没发生。我更用力地推,还是没用。看到我们遇到困难,几个人开始大声向我们提出建议。不幸的是,他们用的是德语,我们都听不懂。

车外朋友们的喊声停止了。火车吱吱嘎嘎地启动,载着我们离开目的地,他们快速挥手的问好变成缓缓挥手的告别。后来我们发现,火车的门必须踩一个小踏板才能打开,这正是那些热心的德国人试图告诉我们的。

> 生活是一系列自然而自发的变化。不要抗拒它们,这只会带来悲伤。让现实成为现实。
> ——弗农·霍华德

游轮渐渐消失在远方,我们看着对方,疲惫又不知所措。到了下一个城镇,我们成功地打开车门,跌跌撞撞地拖着行李下了火车。在那里,我们找到了一辆出租车,司机的英语水平刚好能理解我们返回上一个城镇的港口的请求。

我们坐着摇摇晃晃的旧出租车，在鹅卵石街道上颠簸了将近一个小时。终于，在奔波了将近三天半后，我们赶上了剩下的行程。

我们抱怨了吗？不。我们为自己最终赶上了行程而感激不尽。

但如果我们抱怨呢？这会不会改变天气，阻止我们的国际航班离开，或者让我们乘火车和出租车的旅途更舒适？不会。再多的抱怨也不能改善我们的处境。事实上，抱怨只会让我们更加痛苦和沮丧。然而，我们都见过有人一直是这么做的。

我专职从事演说后日程繁忙，每年都要乘坐数十次航班。据统计，美国将近三分之一的航班都会延误或取消，再多的抱怨也不会改变这一点。

7年前，我飞到田纳西州的孟菲斯市，在著名的皮博迪酒店发表演讲。那里每天有两次鸭子游行。早上，酒店工作人员将饲养在酒店屋顶上的绿头鸭赶进电梯，下到大厅，赶着它们摇摇摆摆地走过红地毯，然后跳进酒店的喷泉。鸭子一整天都会在里面戏水，让客人们高兴不已。晚上，鸭子沿着同样的路线乘电梯返回屋顶。

环顾四周，我发现了一个前一天和我搭乘同一班飞机，从堪萨斯城来到孟菲斯市的乘客，于是我走过去和他攀谈起来。我们的航班延误了几个小时，我们都谈到了同行乘客对行程被耽误的抱怨。结果发现，由于我和他都经常出差，我们的心情似乎都没有受到航班延误的影响，而一些同行乘客则完全被激怒了。

他接着充满智慧地评论道："因为你和我经常旅行，我们知道航班延误这么长时间是比较罕见的。而其他大多数旅客很少坐飞机，所以他们认为这种事情经常发生。因此，他们认为自己理应因飞机延误而生气地抱怨。"

抱怨我们身处的环境并不能让情况有所改善。不过抱怨确实会改变我们，因为它让我们更缺少感恩之心，更不快乐。

我最近接受了一个电台早间节目的采访。一位主持人说："但是我是以抱怨为生的，而且我靠抱怨赚来的薪水很高。"

我说："好吧，那从一到十的等级来看，你有多开心？"

过了一会儿，他回答说："负数可以吗？"

每当嫌弃皮夹克太重的时候，他都会想起来，正是这件皮夹克让他经受住了黎明的寒冷。

——保罗·科埃略

抱怨可能在许多方面让我们受益,例如获得同情和关注。它甚至可能为我们赢得广播听众,但不包括快乐。

你本应快乐,本应拥有你想要的东西,拥有能够充实内心、令人满意的友谊和关系;你本应保持健康,并拥有自己喜欢的事业。

记住,任何你想要的,都是你应得的。

不要再找借口了,开始朝着你的梦想前进。如果你说"男人都害怕承诺""我家里的每个人都很胖""我协调性差""我的高中辅导员说我永远不会成功",你就把自己变成了受害者,而受害者永远不会成为胜利者。要成为什么样的人,是你自己选择的。

希望你明白,我知道可能曾有不幸和痛苦的事情发生在你身上。我们很多人都经历过。你可以一直讲述这些故事,合理化这些事,让这些成为限制你整个人生的借口。或者你也可以像个弹弓。

是什么决定了弹弓射出的石头能飞多远?答案是看你把弹弓的皮筋拉了多远。如果你研究成功者的生活,你会发现,他们成功不是因为战胜了生活中的挑战,而是因为他们自己。他们不再告诉每个人他们受了多少委屈,而是开始寻找方法,把他们生活中的困难变成成长和成功的肥料。他们的"弹弓"被深深地回拉，然后让他们飞得更远。

让你的生活经历推动你前进，而不是拖你后腿。唤醒你内心的美和周围的美。专注于此，原谅他人，放下一切，然后你就会过上更快乐、更健康、没有抱怨的生活。

真诚的分享

最近我去旅行时，好几个目的地机场天气恶劣，导致许多航班取消或延误。我坐在登机口旁，已经改签了另一班飞机，正看着登机口柜台上那位倒霉的航空公司代表。她正遭受一群人连珠炮似的质问，似乎那些人认为恶劣的天气、航班取消和他们遇到的各种倒霉事都是她的错，每个人都把他们的不满发泄到她身上，我看得出来，她已经快到崩溃的边缘了。

我的脑海里闪过一个小小的很妙的念头。我向来习惯顺从直觉，于是我站起来，走到那列想给她难堪的队伍中，占了一个位子。我耐心地等着轮到我。当我终于站到她面前后，她抬起疲惫的眼睛看着我，眉头因压力而紧皱着，问道："先生，我能为您效劳吗？"

我说："能。"然后我请她在跟我说话时装出很忙的样子。我告诉她我排队是想让她休息5分钟。她打字的时候（我不知道她打了什么），我向她解释说，虽然这些人都打算毁了她的一天，但她的生活中还有其他真正关心她的人，她也有自己热爱的事物，这让她的生活有了意义，也远比今天在这里发生的事情重要得多。想到这些，此刻发生的事情没什么大不了的，不应该让她这么焦虑。我们来回聊了几分钟，她继续假装很忙碌。

看到她恢复了镇静，我知道她必须回去工作了。我祝她有愉快的一天，告诉她该接待下一位顾客了。她抬头看着我，我看到她的眼睛微微湿润了。她说："非常感谢，我真不知道该怎么感谢您。"

我微笑着告诉她，感谢我最好的方式就是，当她有机会的时候，把这份善意传递给别人。

——哈里·塔克
纽约州纽约市

第三部分

有意识的有能

在有意识的有能阶段,你开始能意识到你说的每句话。你移动手环的频率要低得多,因为你说话时非常小心。你说话时用词更加积极,因为你会在还没说出口之前就咽下那些消极的话。紫色手环从此变成了一个"过滤器",过滤你说出的每个词。

第六章

沉默与怨言

在你回应之前，先让自己镇定下来。

有意识的有能是一个超级敏感的阶段。在这一阶段，你开始意识到你说的每句话。你移动手环的频率要低得多，因为你说话时非常小心。现在你说话时用词更加积极，因为你会在还没说出口之前就咽下那些消极的话。紫色手环从此不再是帮助你"发现自己在抱怨的工具"，它变成了一个"过滤器"，过滤你说出的每个词。

一个接受 21 天不抱怨挑战的家庭发来邮件说，家里每个人好像同时进入了有意识的有能阶段。"大约有一个星期，我们坐在晚餐桌边，盯着对方，看起来没有人敢说话。"这位父亲在邮件中说。

到达有意识的有能阶段的人，最典型的特征就是更长时间的沉默。

在我们的手环被专门印上"不抱怨的世界"标志之前，它们是我们从一家卖新奇小物件的工厂买来的，我们将它们作为"精神手环"来销售。如果你的学校的代表色是绿色，你可以买绿色的"精神手环"；如果是红色，就买红色的"精神手环"；等等。

开始定制手环后，我们在一段时间内在我们自己的标志背面保留了"精神"（spirit）这个词，这是因为"spirit"源于拉丁文"spiritus"，意指"呼吸"。在有意识的有能阶段，你能做的最好的事之一便是深呼吸，而不是失控地将抱怨说出口。抱怨是一个习惯，停顿一下，换一口气，你就有机会更小心地遣词用句。但我们最终还是把"spirit"从手环上拿掉了，因为很多人看到这个词就理所当然地认为我们在某种程度上引导人们信仰宗教。不抱怨运动是一个非宗教性的人类转化运动。

> 微笑，呼吸，放慢脚步。
>
> ——一行禅师

Spiritus——呼吸。当你发现自己被抱怨的人包围，发现自己不得不加入时，呼吸。当令人沮丧的事情发生，而你可以将这些挫败推卸在其他人身上时，呼吸。

呼吸。呼吸，并保持沉默。

最近一项研究发现，人类体内有两个天生的"起搏器"。一个位于我们的胸中，调节我们的心率。另一个调节我们呼吸频率的结构，实际上在我们的脑子里。

我们的精神状态和呼吸关系如此紧密，甚至呼吸的"起搏器"不是在肺部附近，而是在脑子里。

如果你思绪平静，你的呼吸是深长的。如果你的思绪混杂，你的呼吸会变得浅而急促。

你能通过平静大脑来让你的呼吸慢下来，又能通过放慢呼吸来平静大脑。几千年来，瑜伽大师们都在试图教会我们这一点。

《呼吸的新科学》(*The New Science of Breath*)的作者斯蒂

芬·埃利奥特发现，如果你能用 5.8 秒吸气，然后用 5.8 秒呼气，你就达到了重置呼吸"起搏器"的理想频率。结果就是，你的大脑会平静下来。

埃利奥特创造了一种叫作"两次响铃"的音频，命名为"Coherence"。你能在大多数音乐平台上找到。我每天练习冥想时都用这个。你只需要随着音调高的铃声吸气，然后随着音调低的铃声吐气，哪怕你还没起床也可以这样做，它能让你的呼吸变慢、变深、变得有节律，你的大脑也将放松下来，未来几个小时都不再有压力。

如果你是一个喜欢祷告的人，有意识的有能阶段是让你的祷告变得更加虔诚的良机。如今，你已经到了真的不想再移动手环的阶段。那么喘口气，沉默的时候还可以念一小段祷告词，再开始说话。为自己寻求指引吧，让你说出来的话具有建设性，而非破坏性。如果不知道说什么，保持沉默。比起抱怨后不得不重新开始 21 天不抱怨挑战，保持沉默要好得多。

我年轻时做过推销电台广告的工作，当时我和一个很少说话的人共事。和他熟了之后，我问他为什么开会时别人都滔滔不绝，而他只是安静地坐着。他回答说："我保持安静的话，别人会以为我比较聪明。"如果你什么都不说，大家至少可能会认为你很聪明。当你说个不停，不但不会让自己听起来很睿智，反而让别人觉得你不够自在，无法忍受片刻沉默。

> 愚昧人若静默不言，也可算为智慧，闭口不说，也可算为聪明。
>
> ——《箴言》17：28

要想知道某个人对自己而言是否很特别，有一个测试方法就是看看我们可以和这个人在不说话的情况下相处多久。我们只是安于他们的存在，享受他们的陪伴。很多无意义的闲聊并不会让我们共度的时光变得更有意义，反而会让它变得不那么珍贵。

沉默可以让你反思、谨慎措辞，让你说出能传达创造性能量的言论，而不是任由不安让你滔滔不绝地发出一长串不满。

我们收到过一封国防部五角大楼的中校寄来的电子邮件，信中他这样描述他历经的不抱怨阶段：

> 快速报告一下我们的进展。到目前为止，12个手环已经悉数分发给了我的同事们。有一个女孩（她总是安静、低调）已经有了很大的进展。我想她的天数实际上已经达到两位数了！

然而，其余的人发现这比我们想象中难得多。不过这已经对我们产生了很重要的作用……当我们抱怨时，我们知道自己在抱怨，就会停下，移动手环，然后用更积极的措辞重新表达。我甚至还没能坚持一整天不抱怨，但我看得出这是强而有力的沟通工具，有助于办公室成员同心协力地完成工作。我们可以在抱怨时自嘲，然后互相挑战，看谁可以找到更好的方法。我会在有人达到他们的目标时发邮件更新情况的。（每个人都摩拳擦掌，要将这个挑战推广给更多在五角大楼上班的同事，所以我们正在进步。）

祝空军节愉快！

——凯西·哈佛斯塔

我还记得我第一次决定认真留意自己说的话时，明白了这些话是在反映我的想法，而想法将创造我的现实。我借了一辆开了20多年的小卡车，去运回我仓库里的一些东西。这辆旧F-150原本的引擎已经跑了几十万英里，每开20英里大约要用掉一加仑的油！我不得不反复停下来加油，甚至带了一箱油放在后车厢以备不时之需。

当我启程开始这趟100多英里的旅程时，我确定油箱已经满了，还邀请我们家的狗吉布森陪我一起。

我花了好几个钟头，从南卡罗来纳州艾诺市的家开到曼宁市的仓库，路上加了几次油。回程时，我决定抄近路，于是沿着一条黑暗的双车道乡间小路，前往南卡罗来纳州的格里利维尔。我以前住在曼宁，对路线很熟悉。事实上，我以前经常周末骑自行车去格里利维尔再骑回来，当成运动。因为这条路单程大约13英里，沿途几乎没有车辆和居住的人家。

我一整天都在仔细检查这辆旧卡车并给它加油。但当太阳开始落山时，引擎故障灯亮了。按照我的习惯，我满脑子想着："哦，不！我有麻烦了！我正好在这荒无人烟的地方。"但我控制住了自己。我记得自己承诺过要监督和控制自己的思想和语言。

我转身对躺在旁边座位上打瞌睡的吉布森说："一切都会好起来的，老兄。"老实说，我觉得我有点疯了。不是因为我在和一只狗说话，而是因为我以为自己可以以某种方式用这辆破旧的漏油卡车，通过这条荒芜的乡村道路回家。就像我说的，我对这段路很熟悉。这13英里路只零散地分布着十几户人家，而我又没带手机。

卡车吱嘎作响，苟延残喘地走了大概一英里，引擎突然熄火。我咬紧牙关，试图说服自己："一切都会好起来的。"卡车开始减速，最终滑行着直接停在某户人家门前。

"多么幸运啊！"我对自己和吉布森说。车坏的时间刚刚好，我对我们是如此幸运而惊讶。我心想："或许会有人在家，他们会让我借用手机。"我想我可以打电话叫人来接我们，然后把卡车停在路边，直到修好为止。

然后我想起卡车里装满了东西，于是大声说："不。我最好今晚能开车回家，这样就不必把东西留在路边。我不知道问题会怎么解决，但我要相信可以解决。今晚，我一定要自己开着车，带着所有东西停回自己家的车位上。"

请记住，这不是我思考问题的一贯作风。以往，我会从卡车里出来，做一些可能"有用"的事情，比如咒骂或踢轮胎。但这一次，我闭上眼睛，想象着我和吉布森慢慢驶进家里的车库。在我的脑海里，那是一个晚上——就像当时一样——我穿着和现在一样的衣服。我让自己安静地坐一会儿，清楚地记住这幅画面，然后走向那户人家，按下门铃。

我听见屋里的人有些动静。我微笑着大声说："难以置信！这是几英里路上唯一的房子，而且我的卡车在他们家门口抛锚的时候，刚好有人在家。"一个男人来应门，我们互相做了介绍。我解释了卡车的状况，然后问他我能否借用手机。他在黑暗中眯着眼睛，越过我朝卡车的方向打量着，问道："你开的是什么卡车？"

"福特。"我说。

他微笑着说:"我是福特卡车经销店的维修主管。让我拿上工具看看。"

> 像个孩子一样去坚信,这样奇迹就会发生。
> ——特蕾莎·兰登

我兴奋得有些头晕。我的卡车不仅在一段荒凉的道路上直接在一户人家的房子前面抛锚,而且住在那里的人正好负责维修我开的这种卡车!

我拿着手电筒帮他打光,他在引擎盖下敲敲打打了大约15分钟。终于他转过身说:"你的燃料系统出了点问题。你需要换个小零件。只要一两美元,但我家里没有,经销店也关门了。"

他继续说:"与其说是机械性故障,更主要是管线问题。"

我耸耸肩说:"没关系,那我可以用一下电话吗?"

他说:"嗯……你的问题出在管线,恰好我爸爸从肯塔基州来看我,他是个管线工人,我去叫他。"

当那人小跑着回屋去找他父亲时,我搓了搓吉布森脖子上的毛,兴奋地笑着。

几分钟后,他父亲诊断出了卡车的问题。

"你需要一根大约 5 厘米长，0.64 厘米宽的油管。"他说。

"就像这个？"他的儿子一边说，一边从工具箱里拿出一根尺寸刚好的管子。

"是的，就是这样的！"父亲说，"你在哪儿找到的？"

"我也不知道哪儿来的，"儿子说，"大约一个月前，我在工作台上发现了它，就把它放在工具箱里以备不时之需。"

没多久，我和吉布森又上路了。"真是一次奇妙的经历！"我对吉布森说，他此时正兴奋地把鼻子探出副驾驶座的窗户。

问题都解决了，我们又继续前进。当天晚上我就能带着这些东西把车停进车库。

但就在那一刻，仪表盘上的油灯亮了。我们停留太久，耗尽了卡车里的油，油量低得危险。在离开仓库之前，我把最后差不多 1 升的油倒进了油箱。

四处都不见人家，我开始担心，但我很快阻断了这样的思绪，大声说："问题已经解决过一次了，这次也一定没事的！"我一边开车，再次想着当晚我和吉布森平安地把车停进家里车库的画面。

转弯进入格里利维尔，我开往镇上唯一的加油站。店主刚把门锁上，准备打烊。

> 一旦你怀疑自己是不是能飞，你就永远都飞不起来了。
>
> ——詹姆斯·马修·巴里

"需要帮忙吗？"他问。

"我需要油。"我说。

他把加油站的灯重新打开说："需要什么自己拿吧。"当我走向放油的架子时，我把两手伸进裤子口袋，掏出了身上所有的钱。按照卡车漏油的速度，我知道我可能至少需要约4升的油才能回家。我迅速数了数钱，发现身上只有4.56美元。我拿了约2升的油，我的钱只够买这么多了，放在柜台上。

"你看到另一个牌子了吗？"店主问。

"没有。"我说。

他走向陈列架，我跟在他身后。

"这里！"他说，"这个牌子很不错，我觉得比你挑的那个好，但我以后不进货了，所以今天半价出售。"我欣喜若狂，但不想显得自己精神不正常。我把约4升的油抱在怀里，轻快地走向柜台。就在那天晚上11点17分，我平安地把车开回了家里的车库。

这是怎么发生的？是上帝暗中操控了什么吗？是什么样的

机缘巧合促成了这个奇迹？这个世界到底是怎么运作的？

答案是我有信心，并且没有向自己甚至是吉布森抱怨我们正在经历什么。未来还没有确定，抱怨现在的情况只会把不理想的情况延续下去。

大家常问我的问题是："难道你不需要先抱怨才能得到你想要的吗？"正如我们之前讨论过的DEARMAN策略，你可以好好表达自己的期许，而不是通过抱怨现况来获得你想要的结果。

要得到你想要的东西，最短路径就是不要一直谈论，或把注意力完全放在可能遇到的问题上。要从更高的层次思考问题，只谈论你想要什么，只与那些能提供解决方案的人说。你等待的时间会缩短，在这段过程中你也会更快乐。

"但是，我们国家的每一件大事都是起源于人们的抱怨……想想托马斯·杰斐逊和马丁·路德·金吧！"我收到的一封电子邮件写道。

我意识到，在某些方面，我同意这位女士的观点。迈向进步的第一步是不满足。但如果我们停留在不满中，就永远无法前进。那些把抱怨当作理所当然的人，哪里也到不了，只会在不快乐的出发点原地打转。我们的注意力必须放在我们希望发生的结果上，而不是我们不希望发生的事情上。

杰斐逊和金都指出了我们对现状的不满，但没有放任不管。他们描绘了一幅充满希望的远景。他们的不满驱使他们预想主要问题被完全解决，他们对这番远景的热情又激励了其他人追随他们。他们坚持不懈地展望更光明的未来，让整个国家的心团结起来。他们演绎了萧伯纳所说的："有些人看到当前的情况，然后问为什么这样？我则是梦想着未曾出现的景象，然后问为什么不是这样？"

抱怨者问："为什么？"

不抱怨者问："为什么不呢？"

> 与其浪费时间抱怨，不如关注那些能改变现状的机会。
>
> ——尼廷·南德奥

1963年8月28日，超过20万名美国人走上华盛顿街头，要求所有人享有平等权利。在这历史性事件中，马丁·路德·金牧师站在林肯纪念堂的台阶上，他的言辞像咒语般吸引着聚集在一起的人群。金指出了问题。他说："美国……只是给黑人开了一张空头支票，支票上盖着'资金不足'的戳子后便退了回来。"但他没有让听众淹没在不满的言辞中。相反，他用一个未来愿景激励他们心怀希望。

金发出这样的宣示:"我有一个梦想!"然后发表了美国修辞网站所说的"20世纪最伟大的演讲"。他在听众心中描绘出一幅栩栩如生的画面,一个没有种族歧视的世界。他说他"曾登上山巅",他的话语带领我们与他登顶。金将注意力集中在追求解决方案上,超越了问题本身。

托马斯·杰斐逊在《独立宣言》中,清楚陈述了殖民地在大英帝国统治下所面临的挑战。然而,他起草的文件不只是一连串冗长的牢骚。如果是,这份文件也就不会点燃全世界人民的想象力,进而一统殖民地。

美国《独立宣言》的第一段如下:

> 在人类事务发展的过程中,当一个民族必须解除同另一个民族的联系,并按照自然法则和上帝的旨意,以独立平等的身份立于世界列国之林时……

想象你是这十三个殖民地的居民,正在读这些话:"按照自然法则和上帝的旨意,以独立平等的身份……"在杰斐逊起草这篇宣言时,英国是世界上最强大的超级强权,而他只是毫不夸张地冷静直陈,这些新生而多元化的殖民地,与这头政治巨兽是"平等并存"的。

你可能听见了殖民地人民为如此言论发出的集体惊呼声，随之而来的是满涨的自尊和热忱。他们为何敢于心怀如此崇高的理想，认为自己能够和英国平起平坐？因为这是"按照自然法则和上帝的旨意"。

这不是抱怨，这是一个关于光明未来的坚定远见。这是超越问题本身，从更高层次思考解决方法。

> 你要记住，最重要的是，随时做好准备，为了你可能成为的更好的自己，放弃现在的自己。
>
> ——W.E.B.杜波依斯

如果你停止抱怨，前方同样也会有一个光明的未来。改变你的措辞，看看生活会如何改变。例如：

不要说……	试着说……
问题	机会
挫折	挑战
折磨	导师
痛苦	不适

（续表）

不要说……	试着说……
我要求	我会感激
我必须	我可以
抱怨	请求
磨难	旅途

试一试。刚开始你可能会觉得有点困难，但是等着看吧，改变你的话语将如何改变你对某人或某事的态度。当你的话语改变，你对事情的看法也会改变。

人们经常问我类似的问题："如果我把东西砸在了自己脚上，然后开始咒骂，这算是抱怨吗？"

不是。不管你信不信，这是一种自然的反射。

现在，让我继续解释，这不是建议你像昆汀·塔伦蒂诺电影中的角色一样咒骂。实际上，脏话与日常交流中使用的其他词汇被存储在大脑的不同区域。好像脏话就在表面之下，一旦有不尽如人意的事情发生，你可以不加思索就使用它们。你心烦意乱，然后说出（甚至喊出）你在这种情况下通常会用的脏话。

有趣的是，你会渐渐选择独属于自己的脏话，它们会储存在你大脑的某一部分，一旦有需要就能立即使用。

昨天，我的邻居帮忙给我的船安装锚。他在烈日下工作，汗水从脸上流下，身体在锚井里扭曲成一个不舒服的姿势。他试图清理玻璃纤维的锋利碎片，手臂上被划出几十个细小的伤口，渗出鲜血。

突然，一个螺母和垫片从他汗湿的手里滑脱，叮当作响地滚进了船体的深处。我的邻居是个超级冷静的人，我敢肯定他很沮丧，但他也只是叹了口气，开始找掉落的零件。

他刚把它们捡起来要放到安装的位置，却又弄掉了。这次他说："啊……真见鬼！"考虑到当时的情况和他的沮丧，这不是我以为他会说的脏话。但他的反应提醒我，我们有自己选定的脏话，一旦确定，它们就储存在我们脑中的小小"脏话箱"里，随时准备在我们沮丧时蹦出来。他选择用"真见鬼！"来表达自己某种程度的愤怒，这就是他现在想表达的。

> **粗俗就像一种美酒：它应该在一个特殊的场合才会被打开，然后和对的人分享。**
>
> ——詹姆斯·罗佐夫

现在，思考一下语言和情绪的本质——它们是互相助长的，我观察到经常骂脏话的人比不骂脏话的人更容易感到烦躁。换句话说，我相信并不是烦躁的人总是骂脏话，而是骂脏话的行为让这些人更加烦躁。如果你发现自己很容易烦躁，可以试试不要在日常谈话中使用脏话，或许你就会发现自己不那么容易烦躁了，而且总体上变得更快乐了。

在本书的前言中，我提到一般人每天抱怨15到30次。当你接受了不抱怨挑战，你很快就会发现你的抱怨频率是低于还是高于平均水平。如果你发现自己难以坚持，那可能是因为你成长的环境。

做做下面的生活方式取向测试（修订版），或许你会发现它既有趣又有帮助。看看你天生是更乐观还是更悲观的人。[1]

用这些数字诚实地回答以下每一个陈述：

/ 0 / 非常不同意

/ 1 / 不同意

/ 2 / 不确定

/ 3 / 同意

---

[1] M. E. Scheier, C. S. Carver, and M. W. Bridges, "Distinguishing Optimism from Neuroticism (and Trait Anxiety, Self-Mastery, and Self-Esteem): A Re-evaluation of the Life Orientation Test," *Journal of Personality and Social Psychology* 67 (1994): 1063-78.

/ 4 / 非常同意

记住，请诚实地回答，没有正确或错误答案。

	描述	打分
1	在不确定的情况下，我通常期待最好的结果。	
2	我很容易放松下来。	
3	对我来说，如果事情可能会出错，实际上就会出错。	
4	我对我的未来充满希望。	
5	我很喜欢我的朋友。	
6	对我来说保持忙碌是很重要的。	
7	我几乎从不期望事情会朝我希望的方向发展。	
8	我不太容易沮丧。	
9	我很少指望好事会发生在我身上。	
10	总的来说，我更期望好事而不是坏事发生在我身上。	

打分

1. 忽略第 2、5、6 和 8 项的得分。这些只是充数的。

2. 在计算你的总分之前，**颠倒**第 3、7 和 9 项的分数。也就是 0 = 4，1 = 3，2 = 2，3 = 1，4 = 0。

3. 在把第 3、7 和 9 项的分数倒过来之后，把第 1、3、4、7、9 和 10 项的分数加起来。

分数范围	结果
0~13	低乐观（高悲观）
14~18	适中乐观
19~24	高乐观（低悲观）

不管你是乐观还是悲观，成为不抱怨的人都可以提高你的分数。如果你不知道有什么好话可以说，那就练习沉默，什么也别说。如果你说了什么，请确保你说出的话不是抱怨。

真诚的分享

我拿到了我的紫色手环，下定决心不去抱怨、批评或说闲话。

有一次，我和一个朋友出去吃午餐。她开始说有些事情"不对"，希望我同意她的观点，我撩起袖管给她看我的紫色手环，告诉她我正在尝试做的事情。

她说："好吧，那么我们聊些什么呢？"

那一刻可真尴尬。我说："我不知道。"然后我开始说我们今天吃得很不错，还有马路对面的花是多么漂亮。

如果有人在交谈中向我抱怨，我想我确实会愣住。但是我能够越来越轻松地应对了，无论我有没有告诉朋友、亲戚我在做什么。我只会改变话题或试图让谈话更轻松一些。（或者说："不好意思，我需要去一下卫生间。"）

——琼·麦克卢尔
加利福尼亚州布拉格堡

第七章

批评与讽刺

> 现在我开始明白，讽刺通常是魔鬼的语言，
> 因此我已经很久不对人冷嘲热讽了。
>
> ——托马斯·卡莱尔

批评和讽刺都是抱怨，一旦你对别人做出了批评或讽刺，请移动你的手环。

批评是指以否定的方式指出别人的错误。因此，"建设性

批评"是一种矛盾的说法。建设性是指你在构建某种东西，而批评则是破坏某种东西。只要你是在批评某人，就不可能是建设性的。

没有人喜欢被批评。而且，批评他人的行为往往只会导致我们不喜欢的行为增加，而不是消失，因此这是一种无效的策略。

杰出的领导者知道，人们对赞赏的反应远比对批评的反应热烈得多。赞赏能激发一个人追求卓越，从而更加受人赏识。批评则让人沮丧，而那些觉得自己没有价值的人也不会觉得自己能把事情做好。

这就形成了一个恶性循环。一个人犯了错，被上司批评了，他就会觉得自己无法胜任工作；然后他就会犯下一个错误，再次被上司批评……如此往复，批评只会导致更多的错误。

关键在于，不要谈论这个人过去没有做什么，而是你希望他未来做什么。与其说"你又没在下午5点前交考勤卡！你是笨蛋吗？"，不如试着说"考勤卡下午5点截止上交，谢谢你能记得，这样我就不用来劳烦你了"。

批评是一种攻击。当人们受到攻击，他们有两种选择：战斗或逃跑。他们可能没有直接反抗，但不要只因为他们看似退缩，就认为冲突已经结束了。他们会继续做出各种其他恼人的行为作为反击。所有人都渴望获得权力，如果被动攻击是获得权力的唯一方法，那他们就会这么做。

  当人们请你批评时，其实要的不过是赞扬。

——威廉·萨默塞特·毛姆

  行为是由注意驱动的。尽管我们大多认为是先有某种行为，后有别人的注意，但事实并非如此。我们批评某人，相当于促使我们所批评的一切在未来继续发生。对你的配偶、孩子、员工和朋友来说都是如此。在萧伯纳的剧作《卖花女》中，伊莉莎·杜利特尔向皮克林上校解释了这一现象："你知道，说真的，除了任何人可以学会的东西而外（如同穿衣服讲话等等），一个上等小姐和一个卖花姑娘之间的区别不在于她怎么做，而在于别人怎么对待她。我在息金斯教授面前永远是个卖花姑娘，因为他一向是那样对待我，将来也是那样；可我知道在你面前我可以做个小姐，因为你一向是那样对待我，将来也是那样。"①

  在创造自己的生活这件事上，我们的力量非常强大，远超

---

① 萧伯纳.凯撒和克莉奥佩特拉·卖花女[M].杨宪益,译.上海：上海人民出版社，2019: 294-295.

过我们意识到的。我们对他人的看法，决定了他们在我们面前呈现的样子，以及我们将与他们建立怎样的关系。我们的言语让对方知道，我们对他和他的行为有什么期望。如果我们言语中带有批评，他就会做出那些被我们批评的行为。

我们都知道，许多父母常常只注意孩子不理想的表现，而不是表扬他们好的方面。当孩子把得了四个 A 和一个 C 的成绩单带回家时，许多父母会问："你怎么会得了 C？"他们的关注点就只是那个一般的分数，而不是其他四个优异的成绩。

我的女儿莉娅一直以来成绩都很好，但也一度有所下滑。当她把成绩单带回家时，我为她得到 A 和 B 的好成绩表示祝贺，对相对差一点的成绩什么也没说。

她问我："我有几门课成绩不好，你不生气吗？"

我说："我为什么要生气呢？那是你的成绩。你是否满意才是最重要的。"

她并不满意，于是在很短的时间里，她成功提高了这几门课的成绩。如果我因为成绩不好而责备她，她可能会感觉被剥夺了权力，变得愤怒，可能会出于反抗心理而让自己的成绩进一步下滑。当我给她权力，让她决定自己的成绩是否可以接受时，她做出的选择实际上超出了我对她的期望。

担任领导是一项艰巨的任务。领导者批评他人，表明他缺乏真正能够领导的能力。

领导者的工作是激励人们做到最好。当某人尽了最大的努力，组织就会受益，他本人也会体验到成就感、满足感。他们会发现自己唤起了自己以前不知道的潜力，这会给他们带来巨大的兴奋感。当人们将潜力挖掘得更深、做到更多时，他们能从中获得成长，并会为此感到兴奋，被激励着向前。

领导者的工作就是谨慎地保持激励员工和指挥工作之间的平衡。

不久前，我去一次会议上发言。在演讲之前，我和赞助公司的首席执行官聊了聊。他在短短十年内把自己的企业从一个简单的愿景发展成了一家年收入数百万美元的跨国公司。在交谈中，他向我讲述了公司非凡的成长经历，并分享了他面临的最大挑战。

> 如果你的行为启发了其他人，让他们梦想得到更多、学到更多、做得更多，并成就更多，那你就是个领导者。
>
> ——约翰·昆西·亚当斯

他说："在很长一段时间里，我的员工都讨厌我。毫无疑问,我能把事情都搞定,但他们总是被我的批评刺痛。我们的爆炸式增长期结束了,发展进入平台期,然后开始下降。"

"那你做了什么?"我问。

他说:"我必须学会在不打击人们积极性的情况下激励他们。我去了西部旅行,起初只是为了逃避,但我偶然中学到了很重要的一课。"

"是什么?"我问。

他说:"我去放牛了。我的任务是保持牛群行进,但我发现在让牛群稳步前进和驱散牛群之间有一条微妙的界线。有一次,我把牛群逼得太紧,差点造成踩踏事故。最后我问了一个老牛仔我做错了什么。"

"他告诉我,在一头牛移动之前,它会把重心转移到它计划移动的方向。他说在牛动起来之前,我都不应该催得太紧,只要轻轻推,让它们的重心转移到我想要它们去的方向就行了。一旦我看到它们的重心转移好,我就应该收手。"

这位首席执行官继续说道:"要弄清楚赶牛的力道、收手的时机真的很需要技巧。大部分时间我都逼得太紧,有时又过于放松,但最终我掌握了诀窍。"

"我意识到做领导和放牛没什么不同,"他说,"当我激励员工朝着某个目标前进,而他们也开始调整方向时,我就需要放一放。过去，我总觉得我需要驱使他们继续前进，做不到放手。我会解释我的理由，并强调朝着这个方向前进的重要性。尽管他们正在朝着我说的方向努力，我还是会不停催他们，害怕他们会停下来。结果他们反而放慢了脚步，而我就开始批评他们。"

"然后他们会觉得被剥夺了权力，开始怨恨我，"他说，"他们变得更不想行动。所以，现在我只要看到我的员工开始走上我指出的道路，我就放开手，而他们也会继续朝那个方向前进。"

最近，我听了一个播客，讲的是严厉和挑剔的管理者与鼓励和赋权的管理者之间有什么区别。讽刺的是，这两种领导风格都能完成工作，只有一个明显的不同：批评型管理者虽然能完成工作任务，但他们付出的代价是更高的员工流动率。大多数公司都知道，留住员工比寻找、面试、雇用和培训新员工要便宜得多。

在《商界裸奔》（*Business Stripped Bare*）一书中，理查德·布兰森先生写道："管理的关键是要知道，在内心深处，人们都想做对自己和组织最有利的事情。"他认为所有人都对自己要求很严格。如果一个领导者明白这一点，他就会知道，即使不去批评，优秀的人也会阻止自己重复犯错误。

> 雇主通常会得到他应得的员工。
>
> ——J. 保罗·格蒂

无论你是一家之主、小团体的组织者、主教，还是企业中的领导者，你能做的最棒的事就是学会鼓励人们朝着你指引的方向行动，只要他们表现出一丝你希望的转变，就放手。这样做能帮人们建立自尊，让他们更有动力。

和批评一样，讽刺也是抱怨。批评是一种直接、攻击性的抱怨，而讽刺是一种消极、抵抗性的抱怨。

在电影《弹簧刀》中，由乡村歌手转型为演员的德怀特·约卡姆饰演一个叫道尔的年轻人。这个角色充满怒火，反复对其他角色说刻薄、伤人甚至恶毒的话，然后尖酸地说"嘿，我只是在开玩笑"，不承认自己在冷嘲热讽。

一个爱讽刺的人像是肇事逃逸的司机，总是说一些负面的话，然后在自己加速逃跑的时候回头丢来一句："嘿，我只是在开玩笑！"

讽刺（sarcasm）的定义是，一种尖酸刻薄、通常是讥讽或讽刺的话语，旨在伤人或造成痛苦。词源学研究可以解释讽刺尖刻的本质：其希腊语词根是"sarkazein"，意为"撕扯或撕裂肉"，在中世纪，这是一种酷刑。

出于某种原因，讽刺如今变得很时髦。你经常会看到一些人的T恤上只印着"爱嘲讽"这个词，有人甚至自豪地把它写入约会软件的个人简介。不知为何，对一些人来说，讽刺成为一种文化上的"可爱"，但讽刺一点也不可爱。如今，讽刺也许不会撕破人们的面子，但肯定会摧毁他们的价值感。

在我接受21天不抱怨挑战期间，对我来说最难的事情就是停止讽刺。

人们会问："讽刺一下有什么问题？我只是在开玩笑。"讽刺是一种带有滑稽色彩的批评性陈述。讽刺用玩笑性的表达作为一种合理推诿，以便事后推卸责任，但它本质上就是尖刻的评论。如果一个人想表达自己的观点，但又不想为任何可能发生的后果负责，讽刺就是其刻薄的最后藏身之处了。

我和我的团队曾去坦桑尼亚帮助一家非营利性医院建造生育中心。一个下午，我们去参观一家非洲文物博物馆。我们挤进一辆旧货车，在姆万扎的土路上颠簸前行，一路闪避着布满道路的巨石，有些巨石大得像浴缸，我们的司机不得不急转弯才能避开它们。

我旁边坐着一个年轻人，他正把我和导游的对话翻译成斯瓦希里语。为了避开一块特别大的岩石，我们不得不突然向左急转，然后又回到右边。之后我靠向我们的导游，讽刺地说：

"哇，多好的路啊。"

我们的翻译保持沉默。

"你不把我说的话翻译一下吗？"我问。

"我不能。"他回答道。

"为什么不能？"我问。

"因为你在讽刺，而非洲人不懂讽刺。如果我告诉他，你说路很好，他会相信你的。如果我告诉他你不喜欢这些路，听起来就像在批评他。"

"这里的人从来不说讽刺的话吗？"我问。

他说："不，我们没有用来讽刺的词。我们无法理解说出来的话是一个意思，而你想表达的意思是相反的。对我们而言，你说出来的就是你想表达的。"

员工的忠诚比雇用、培训和激励新员工便宜。

——普贾里·阿格尼霍特利

也许那里的人们的乐观态度和不讽刺之间没有联系，但也许正是因为他们想表达什么意思就怎么说，大家的内心才如此平静。

顺便说一句，非洲人认为向别人抱怨是粗鲁的，而我相信这影响了他们的整体幸福感。他们认为，把你的负担放在别人的肩膀上，不仅不会减轻你的苦恼，反而会让听者徒增烦恼。

批评和讽刺是两种隐蔽且有害的抱怨形式。注意你批评或讽刺的频率，当你这样做的时候，移动手环。回到第一天，重新开始。

并且记住：回到第一天也没什么可羞耻的！

讽刺是毫无创意的人最后的庇护所。

——卡桑德拉·克莱尔

真诚的分享

我做得很不错，渐渐不再抱怨了。我一连多天都通过了考验，也发现不抱怨正在改变我的人生。

我先生坚持要我停下来。他说和我在一起不那么有意思了。我想，他认为抱怨很好玩，而我却不再和他一起抱怨、发牢骚了。

这让我觉得很难过。

——佚名

第八章

如果你快乐就按喇叭

幸福就是你的所思、所言和所做的和谐统一。

——甘地

很多人称有意识的有能阶段为"我才不想动手环"阶段。当你在讲话中想抱怨、说闲话、批评或讽刺别人时,你自己能够及时意识到,然后想:"我才不想动手环。"

很多人发现,在进行 21 天不抱怨挑战的过程中,找到一位"不抱怨的伙伴"将会很有助益。你可以找一个负责任的伙伴来帮助你坚持完成挑战，并请他们客观诚实地观察你的进展。

需要对他人负责，并获得他人支持已被证明能帮助人们成功完成挑战，所以我启动了一个会员项目，叫"不抱怨的生活核心圈子"，给大家分享视频、音频记录，每周开网络研讨会，并会汇报每日情况。（请登录 www.ComplaintFreeLife.com 查看。）

我在第一章提到过，不抱怨的最常见的一个附加效果就是让你感到更幸福。当你停止抱怨生活中的问题，开始谈论进展顺利的事情时，你的大脑就会情不自禁地对这种新的关注点产生反应。

大约 20 年前，我认识了一个人。他帮助自己深爱的人扭转了原本看起来无比绝望、悲惨的人生境况。

一切都始于一块小小的告示牌。

那块告示牌由破破烂烂的厚纸板做成，被钉在一根像是五金店赠送的用来搅油漆的棍子上。30 年前，当时我正要开上堤道，穿越南卡罗来纳州康韦市外的沃卡莫河，我注意到了这块告示牌。它被扔到地上，在杂乱的垃圾与火蚁虫的窝之间，上面只写了一句：

如果你快乐就按喇叭！

做这块牌子的人也太天真了吧。我摇了摇头，然后继续往前开——没有按喇叭。

我不屑地自言自语："真是胡言乱语，快乐？什么是'快乐'？"我从来不知道什么是真正的快乐。我只知道高兴。但即使在最高兴、最满足的时刻，我也总是在担心什么时候又会发生坏事，把我带回"现实"。我想："快乐都是骗人的。生活是痛苦和充满挑战的，即使事情进展顺利，下一步必定又会有什么当头棒喝，立马让你从'快乐的幻想'中清醒过来。或许死后就会很快乐吧。"但我对这一点也不确定。

认为自己不幸福的人就不会幸福。

——普布里乌斯·西鲁斯

几个星期后，我载着当时 3 岁的女儿莉娅开车上了 544 号高速公路，前往瑟夫赛德海滩探望朋友。我们跟着一盘叫《孩子们最喜爱的歌》的磁带开心地唱着歌，欢笑着享受彼此相伴的时光。当我驶近堤道，要通过沃卡莫河时，我又看到了那块告示牌，然后不假思索地按了按喇叭。

"怎么了?"莉娅问道。她想知道路上是不是有什么东西。

"路边有个牌子，上面写着'如果你快乐就按喇叭'。"我回答，"我感觉快乐，所以按了喇叭。"

那块告示牌对莉娅来说完全合情合理。孩子们对时间、纳税义务、失望、背叛，或其他成年人所背负的约束与伤痛都没有什么概念。对她而言，生命就是当下，而且每一刻都要快乐。

当天稍晚，我们在回家的途中又经过那块告示牌时，莉娅尖叫了起来："爹地，按喇叭，按喇叭!"那时，我的心情已经不同了。早些时候，我期待与朋友们欢聚；但现在，我开始想到第二天的工作，还有很多急迫的要紧事要解决。我一点都不快乐，但我还是按了喇叭来满足女儿。

接下来发生的事，我永远不会忘记。我的内心深处，有短暂的片刻似乎比几秒钟之前更快乐了，好像按喇叭让我更快乐了。也许这是某种条件反射，大概是听到喇叭声让我联想起早上按喇叭时的某些正面感受。

> 幸福不能被转移，不为谁所有，不能用钱购买，不会被磨损或消耗。幸福是一种精神体验，是带着爱、优雅和感激度过生活的每一分钟。
>
> ——丹尼斯·威特利

从那时起，只要我们经过那段高速公路，莉娅就一定会提醒我按喇叭。我注意到每次一按喇叭，我的情绪就会变好。如果以 1 到 10 的等级来标示，我原先的"快乐指数"是 2，当我按喇叭时，我的"快乐指数"就会增长到 6 或 7。而且每次我们经过告示牌并按喇叭时都是这样。不久以后，我只要经过这块告示牌就会按喇叭，即使只有我一个人在车里也不例外。

我对着告示牌按喇叭所产生的正面感受不断扩大。我发现自己很期待开到那个特别的路段，甚至在还没开到告示牌之前，我就开始觉得快乐。往后，我只要一上 544 号公路，就注意到自己的"快乐指数"开始上升。那一段短短 21.5 千米的道路，开始成为我的情感疗愈之地。

那块告示牌位于高速公路的路肩上，旁边则是一些树林，把附近的房屋与堤道隔了开来。我很想知道是谁放了这个告示牌，又有什么目的。

那时，我的工作是开车到客户家里卖保险。一天下午，我和一家人约好了要碰面，他们就住在 544 号公路北边约 1.6 千米的地方。但当我抵达的时候，这家的女主人告诉我，她丈夫忘了我们有约，所以要重新约时间。有那么一刻，我觉得很气馁，然而当我把车开出那个住宅区时，发现这里刚好就是高速公路旁那排树林的另一边。我沿着公路行驶，估计着自己和

"如果你快乐就按喇叭"告示牌的距离,在我觉得快到了的时候,就在最近的一户人家门前停了下来。

他们的房子是一栋灰色单层的预制房屋,镶有暗红色饰边。我登上肉桂色台阶来到前门,注意到这栋房子虽然简单素朴,但被收拾得很不错。

我开始做心理准备,如果有人来应门,我该说些什么。"你好,我在这树林另一边的高速公路上看到一块用纸板做的告示牌,请问你知不知道这块告示牌的事?"或者直接问:"请问你是做'如果你快乐就按喇叭'那块告示牌的人吗?"

我觉得有点尴尬,但那块告示牌对我的思维和生活产生了这么大的影响,我想多知道一些关于它的事。但在按下门铃之后,我根本就没有机会说出练习的这些开场白。

"请进!"一个男人带着温暖、开朗的微笑说道。

现在我真觉得尴尬了,我想:"他一定是在等别人,而他以为我就是那个人。"尽管如此,我还是进了门,他则热情地和我握手。我解释说,我在他家附近的高速公路上开了一年多的车,而且看到了"如果你快乐就按喇叭"的告示牌。据我估计,他家最靠近这块告示牌,所以他也许知道些什么。他笑得更开心了。他告诉我,正是他放了那块告示牌,还说我不是第一个停下来询问这件事的人。

> 我的经验是，我们的快乐或痛苦大部分取决于我们的性格，而不是我们所处的环境。
>
> ——玛莎·华盛顿

我听到不远处一辆车按了几声喇叭，他解释道："我在本地的高中当教练。我和我太太都喜欢住在靠近海滩的地区，也很喜欢这里的人。我们过了很多年幸福的日子。"他那清澈的蓝眼睛似乎要看透我的双眼。"前阵子，我太太生病了，医生说他们也束手无策。他们叫她处理好私人事务，还说她只有四个月的生命，顶多半年。"

我对接下来的短暂沉默感到不安，他则泰然自若，继续说着："刚开始我们吓坏了，然后感到很愤怒。接着，我们抱头痛哭了几天。终于，我们接受了这个事实。她准备面对自己的死亡。我们把医院的病床搬回家里，她就这样默默躺着。我们两个人都很伤心。"

"有一天，我坐在阳台上，她则在房间里试着小睡一下。"他继续说，"她非常痛苦，很难入睡。我觉得自己快要被绝望淹没了，我的心好痛。然而，我坐在那里的时候，听到有很多车子正要穿越堤道去海滩。"他的眼睛往上瞟向客厅的一角，片刻之后，他仿佛才想起自己还在和人说话，于是摇了摇头，继续把故事说完："你知道大海滩吗？也就是南卡罗来纳州沿岸96.5千米的海滩，那是美国最热门的观光景点之一。"

"嗯……我知道，"我说，"每年有1300多万游客到那里度假。"

他说："没错。还有什么比度假更快乐的事吗？你做攻略、存钱，然后和家人出远门，共享一段欢乐时光，那棒极了！"

远处传来长长的喇叭声，打断了他的话。

这位教练想了一会儿，才继续说："我坐在阳台上想到，虽然我太太快死了，但快乐可以不必因她死去而消失。其实，快乐就在我们周围，在从我们家几百米外的地方开过的汽车里。所以，我就放了那块告示牌。本来我不抱任何期望，只是希望车子里的人不要觉得当下的一切理所当然。这一刻是独一无二的，是和心爱之人共度的特别时刻，值得细细品味，他们应该意识到自己此刻的幸福。"

好几种不同的喇叭声，迅速而连续地传了过来。他说："后来，我太太开始听到喇叭声了。刚开始只是零星几声而已，她问我知不知道是怎么回事，我就把告示牌的事告诉了她。后来，按喇叭的车子越来越多，这对她好像一剂良药。她躺在房间里时，只要听到喇叭声就觉得很欣慰，知道自己不是孤单地在阴暗的房间内等死。她也享受着全世界的快乐。快乐真的就在她身边。"

> 人们对细数自己的烦恼情有独钟，却从不算上自己的快乐。如果人按照应有的方式计算，就会发现每个人都有足够的幸福。
>
> ——陀思妥耶夫斯基

我沉默地坐了片刻，细细思量他分享的内容。这是多么感人和激动人心的故事啊！

"你想不想见她？"他问。

我有点惊喜地说："嗯……好啊！"我们聊了这么多关于他太太的事，我不禁开始把她想象成某个精彩故事中的角色，而不是真实的人物。我们经过走廊，来到她的房间，我做好心理准备，不想在这位等着我的病危妇人面前显露出被吓到的样子。但当我走进房间，看到的却是一位似乎在装病的微笑妇人，而不是来日无多的垂死之人。

外面又传来一阵喇叭声，她说："那是哈里斯一家人。又听到他们的消息真好，我很想念他们。"教练回报以微笑。

我们打过招呼之后，她说自己现在的生活就和从前一样丰富。白天和晚上，她听着各种喇叭发出数百次啁啾、鸣放、泣诉、怒吼或鼓噪的声音，告诉着她：在她的世界里还有快乐存在。她说："他们不知道我躺在这里听，但是我认识他们。我现在只要听喇叭声,就能知道那是谁。"

她脸红了起来,又继续说:"我还替他们编故事,甚至给他们起了名字。我想象他们在海滩嬉戏,或是去打高尔夫球。如果是下雨天,我则想象他们去水族馆参观,或是逛街购物。晚上,我想象他们去游乐园玩,或是在星光下跳舞。他们过着幸福的生活。这让我非常开心……"她的声音逐渐微弱起来,就好像快要睡着了:"好快乐的生活啊……真是好快乐、好快乐的生活。"

除了窗外的喇叭声,我们三个人沉默地坐了一会儿。

最后,我看向教练。他对我微笑,我们轻轻地起身走出卧室。他陪我走到门口,但就在临别时,我突然想到一个问题。

"你说医生宣判她最多只能活六个月,对吧?"我问。

"是,没错。"他带着微笑,似乎知道我接下来想问什么。

"但你说,你是在她生病之后好几个月,才放了告示牌。"

他说道:"对啊。"

"而从我第一次开车经过看到那块牌子到现在,也已经过去一年多了。"我做了总结。

他说:"没错。"然后又加了一句:"希望你很快能再回来看我们。"

告示牌又摆了一年,然后有一天,它突然消失了。

"她一定过世了。"我开车经过时，忧伤地想着，"至少她临终前很快乐，而且战胜了命运。她的医生应该会很讶异吧？"

> **我的生活多么美好啊！我只希望自己能早些意识到这一点。**
>
> ——科莉特

几天后，我又开上544号公路前往海滩，有史以来第一次，我在快到达桥边时感受到的是难过而不是快乐。我想也许只是风雨摧毁了那块脆弱的小告示牌，但我又确认了一遍，它真的不见了。我觉得心头一沉。

我一直在想着这个女人，她在痛苦、苦难和死亡中，设法在自己的世界里找到了幸福。我在想，有那么多人拥有她想要的一切，却仍然生活在痛苦中，不断抱怨。

又过了一个星期，我再一次沿着544号公路开往海滩。当我接近堤道时，我看到了一些美妙的东西，让我的心怦怦直跳。原本立着小纸板和油漆棍的地方，现在有了新的告示牌。这块告示牌约1.8米宽、1.2米高，底色是明亮的鲜黄色，边缘还装着闪烁的明亮小灯。告示牌上则以醒目的大字写着熟悉的那句话："如果你快乐就按喇叭！"

眼泪在我的眼眶里打转。我按着喇叭，让教练和他的妻子知道我经过这里了。"那是威尔。"我想她会带着会心的微笑这样说。

在心爱的丈夫的支持下，这位了不起的女人没有将注意力放在她面临的、被医学专家确认的现状上，而是关注生活中点点滴滴的幸福。这使她战胜了渺茫的存活概率，拥抱生活，接触到上百万不同的人。

人生最重要的不是所站的位置，而是所朝的方向。而这取决于你看向哪里。

从我们第一次呼吸的那一刻起，我们就在走向坟墓。没有人知道我们会在什么时候到达那里。悲剧不是死去，而是我们从未活过，从未快乐过。

我们总是倾向于等到了"未来的某一天"才快乐，以为等到我们把所有的问题都解决了就会快乐。但你唯一不再有问题的时候，就是你最后一次呼气的那一刻。在那之前，总是会有挑战和困难。所以你最好做出决定——是的，决定要快乐。

几年前，我在中国做宣传时，与中国的出版商共进晚餐。晚宴上的一位客人给我讲了一个中国传统故事，关于一个总是不快乐的女人。

故事中的女人有两个儿子，一个卖雨伞，另一个卖盐。

每天早晨,这个女人起床后都会向窗外望去。如果她看到阳光,她会抱怨:"哦,这太可怕了,没有人会买我儿子的伞。"

如果她看到窗外下雨了,她就会抱怨:"真糟糕!没有人会去我儿子那里买盐。"

她就这样郁郁寡欢了很多年,最终去请教了一位僧侣,问他怎样才能找到幸福。

> **快乐是唯一的好事。快乐的时刻就在当前,快乐的地方就在脚下。**
>
> ——罗伯特·G. 英格索尔

他的回答简单而深刻:"改变你看待事物的方式。如果下雨了,你要感谢有人需要你儿子的雨伞。如果天空晴朗,就庆幸会有人来找你的另一个儿子买盐。"

她接受了僧侣的建议,生活很快就有所转变。其实,唯一改变的是她的视角,但视角决定一切。改变我们看待世界的方式会让我们看到新事物,也会让我们以新的眼光看待旧事物。长期抱怨会让我们把注意力集中在所有不好的事情上。成为不抱怨的人让我们看到世界上有很多值得高兴的事情。

美国《独立宣言》宣称:"我们认为下述真理是不言而喻

的：人人生而平等，造物主赋予他们若干不可剥夺的权利，其中包括生存权、自由权和追求幸福的权利。"

如今，我们对"追求幸福"（pursuit of happiness）的理解并不是托马斯·杰斐逊的本意。18世纪末，"pursuit"这个词有完全不同的含义。如今，这个词的意思是"追求某物"。从这个角度来看，我们可能会认为杰斐逊的意思是我们有权利"追求幸福"。

然而，对我们殖民地时期的祖先来说，这个词意味着"你正在做的事情"，即从事某个行业，例如一个人可能做医生、律师、商人、家庭主妇或学生。18世纪的人可能会问："你是做什么的？（What is your pursuit?）"另一个人会回答："我是一名铁匠。（My pursuit is a blacksmith.）"或者"一名木匠""一名服装师"。

对美国的开国元勋来说，追求是一个人从事的活动，而不是追求某物的行为。因此，《独立宣言》说的是，上帝赋予我们享受幸福的权利，而不是追求幸福。

享受幸福的第一步是宣称你是幸福的。要做到这一点，你就要停止发牢骚，停止抱怨自己的生活和经历。一旦你断定自己是一个快乐的人，你自然会寻找证据来支持你的判断。

许多人都认可快乐具有自欺性，但其实不快乐也是如此。

奥地利哲学家路德维希·维特根斯坦说过:"快乐之人的世界与不快乐之人的世界是不同的。"

生活是一场幻影,我们的视角也只是一种错觉。所以,选择对你而言唯一重要的错觉吧——选择快乐。

真诚的分享

我一直在努力做到不抱怨,这也影响了我的家人。

我的女儿罗丝上六年级,有着所有青春期女孩的典型特征。

她的"朋友"给她写了一张纸条,说她是个糟糕的朋友,并列出了很多原因。这位"朋友"还表示,她们圈子里的所有女孩都这么觉得。

当罗丝告诉我这个故事的时候,我真的很紧张,因为这对六年级的学生来说是件大事。我问她对此做了什么。

罗丝说,她告诉那个女孩:"我要假装从来没有收到过那封信。从现在起,我们只对彼此说些好话吧。我真的很喜欢你的鞋子。"

另一个女孩很惊讶,笑了起来。

我真为我的女儿感到骄傲!而且我真的觉得我的手

环,还有我向女儿解释自己如何做到不抱怨的做法已经产生了很好的效果。

——蕾切尔·卡米纳
纽约州怀特普莱恩斯

第九章

承诺,然后行动

在一个人许下承诺之前,他总会犹豫,总有机会退缩,
总有可能一无所成。所有的主动行动(和造物)都涉及一个基本真理,
而对它的无知扼杀了无数的想法和辉煌的计划,这真理便是:
当一个人下定决心的时候,上帝也在行动。

——W. H. 默里

随着推土机的每一次颠簸和转向,科尔恰克·焦乌科夫斯

基的腿都疼得要命。

这么多年过去了，疼痛似乎是科尔恰克在这座高高的雷首山上的最忠实的伙伴，也是唯一的伙伴。

科尔恰克是一个移民美国的波兰人，他有一个使命，这源于他几十年前做出的承诺——他要创造出世界上前所未见的东西。一条断腿才不会拖累他的脚步。

他开着轧轧作响的推土机前进，推开成堆的泥土和岩石，腿部无休无止、深入骨髓的疼痛让他咬牙切齿。在这个过程中，疼痛经常变得尖锐，就像一把正刺进他大腿的刀，这些时候科尔恰克会痛得龇牙咧嘴，低声咒骂着，但他的进度从未放慢。

这不是科尔恰克第一次在履行承诺的过程中受伤，但到目前为止，没有什么能让他放慢脚步。在项目初期，他从半山腰摔了下来，受了很重的伤。几年后，科尔恰克的手腕和拇指都有骨折。还有一次，他扛着36千克重的手提钻，沿着自己建造的通往山顶的741级摇摇晃晃的台阶上山时，滑了一跤，撕裂了跟腱。

几十年来，科尔恰克每天都拖着沉重的工具上山下山，后来不得不做了两次大的背部手术，总共切除了三个椎间盘。他甚至有过两次心脏病发作，其中一次还很严重，但他从来没有停止过——从来没有。早晨太阳刚升起时，他就已上了山；但在太阳落山后，他还会工作很久。他被自己的承诺驱动着，不断工作，从不放慢脚步。

"断腿是我自己的错。"科尔恰克一边开着推土机绕过一块巨石，一边自言自语道，"在山上待了这么久，我应该知道要更小心一点。"

就在前一天，科尔恰克还算错了转弯的角度，开着那台推土机冲下了山。人和机器都失控了，从雷首山的一侧向山下猛冲，翻滚着，碰撞着，最后被一小片树拦住了。如果没有这些树，科尔恰克很可能已经死了，而不仅是严重骨折，虽然骨折也不停地折磨着他。

"你需要休息几个星期，或许要一个月，让你的腿好起来。"医生说。科尔恰克对医生的劝告报以微笑，他知道自己第二天早上就会回去继续工作。

他确实是这么做的。

科尔恰克没有接受过正式的艺术训练，但他在这里创造了人类历史上最大的雕塑。这是他在1948年开始创作的雕塑，并且他知道自己有生之年是看不到它完成了。

科尔恰克还是婴儿时就成了孤儿，在寄养家庭中度过了他的青少年时代。十几岁的时候，他给造船师当过木雕学徒，20岁时就已成为一名技艺高超的家具匠人。

但是，科尔恰克31岁时的工作才让他真正诞生了伟大的想法，让他看到了人类精神的巨大创造力。那时拉什莫尔山国家纪念公园正在修建中，其间科尔恰克担任格曾·博格勒姆的助手。

如果你曾经去过拉什莫尔山国家纪念公园，就会知道这是一个多么令人敬畏的奇观。问题是，拉什莫尔山坐落在圣山上，那里几千年来一直是几个美洲原住民部落的家园。就在他们的圣地中央，美国为历任总统修建了一座纪念公园。而美国总统对那些部落人民来说，意味着一百多年来的条约破裂、被虐待和死亡。

使承诺成为现实的正是承诺本身。

——亚伯拉罕·林肯

拉什莫尔山国家纪念公园的出现激发了十几位印第安部落首领修建一座纪念碑的决心，他们也要赞颂自己的人民和土地。

本卡部落的首领亨利·立熊在一次著名的演讲中对他的同胞们说："我和其他酋长都希望白人知道，印第安人民也有伟大的英雄。"

亨利·立熊被指定为这个工程的负责人。他开始寻找一个既能胜任这项任务,又愿意无偿工作的艺术家来建造这座巨大的雕像。没错,不求回报。

他考虑了几位艺术家,但科尔恰克的热情让立熊和其他酋长相信,他就是这份工作的合适人选。科尔恰克设想的东西甚至比人类历史上最大的雕塑还要宏大。他想在纪念碑周围建立一个美洲原住民文化中心,甚至还有一所专门为美洲印第安人开设的免费大学。

至于纪念碑,科尔恰克设想的是它不仅要在规模上,而且要在艺术范畴上使拉什莫尔山相形见绌。拉什莫尔山国家纪念公园只展示了华盛顿、杰斐逊、林肯和罗斯福总统的上半身和正面,而科尔恰克的作品将是一个360度全方位的雕塑,展示印第安领袖的各个侧面。

在选择这座不朽的花岗岩雕像的印第安伟人原型时,答案显而易见,就是我们在第三章中提到的伟大的"神圣的小丑"、印第安人首领——疯马。

疯马是奥格拉拉·拉科塔部落的一员,出生时叫查欧哈(Cha-O-Ha),他的母亲叫他"金发"。他多次在战斗中表现出色,证明自己是一名年轻的勇士,因此他获得了一项崇高荣誉,也就是将父亲的名字继承下来,作为自己的名字。他的父亲叫 Tasunke Witco,翻译过来就是"他的马疯了",因此后来白人定居者简略地称他为"疯马"。

在开始这个工程之前,科尔恰克花了7年尽可能阅读、研究和学习关于美洲原住民的一切文化和历史。1948年,40岁的他和妻子露丝搬到了南达科塔州的荒地。用尽他余生的作品就将矗立在那里,科尔恰克将在雷首山上钻孔、爆破、雕刻,等待着向全世界展现这座伟大的雕塑。

科尔恰克和立熊酋长之所以选择雷首山,只是因为年轻的疯马刚好曾经梦到过雷声。这让他变成了神圣的小丑,也就是"梦见雷电的人"。[①]

按计划,这座纪念碑将展现这位伟大酋长腰部以上的形象。首领疯马赤裸着上身,骑坐在爱马伊万的背上,他的头发和马的鬃毛在微风中拂动,手指指向他祖先的土地。这个手势背后别有深意——疯马曾经被一个美国骑兵嘲弄地问:"你们的土地在哪里?"疯马回答说:"哪里葬有死去的印第安人,哪里就是我的土地!"

承诺,需要付诸行动,而不是说说而已。

——让-保罗·萨特

[①] 在当地文化中,传说神圣的小丑体会过雷神之力,代表着自然和宇宙的双重力量。——译者注

疯马纪念碑计划高 171 米，宽 195 米。它是如此巨大，仅仅是它的头部就可以挡住整个拉什莫尔山。

而且科尔恰克说到做到，从未从他的工作中得到一分钱。在山上工作了漫长的一天后，他晚上还会继续创作绘画和雕塑，疯马纪念基金会把它们卖掉，收到的所有钱都会专门用于购买物料和设备，以便科尔恰克履行他的承诺。

美国政府曾两次提出向科尔恰克提供 1000 万美元，用以推动该工程完成，但两次都被他拒绝了。科尔恰克认为，从曾经把印第安人赶出自己的土地的政府那里拿钱，是对自己诚信的背叛。

34 年来，无论是南达科他州闷热的夏天还是寒冷刺骨的冬天，科尔恰克日复一日地工作——没有度假、没有假期，当然也没有病假。

全世界都在庆祝圣诞节时，他在山上努力履行自己的承诺。然而，他 74 岁去世时，人们却在雕像上看不出疯马的任何特征。他 1982 年去世，直到 1998 年，也就是整整 16 年后，疯马的脸才雕刻完成。如果将那张脸侧放，它的长度相当于三个足球场那么长。它与历史上对这位伟大酋长的描述惊人地相似，直到今天，即科尔恰克的工作开始 76 年后，面部和部分粗凿的手臂才全部完成。

当你读到这里时，科尔恰克的 10 个孩子中有 7 个正在山上继续他们父亲的工作。他们知道自己也不太可能看到他们父亲的愿景被实现。

这就是承诺的本质。承诺不会找借口，它从不责怪外部环境，而且没有一天懈怠。我从来没有听说过有人在 21 天不抱怨挑战中失败，很多人只是不再信守承诺，然后放弃。

有几次，当我结束演讲，走到大厅给参会者签名、与他们合影时，人们常对我说："你知道，我认为不抱怨挑战是个好主意，而且我真的明白它的益处。但是我现在的生活真的很艰难，所以当我的情况变好一点后，我会试一试。"类似的话有很多。听到这些话的时候，我想："是的，一旦我有了好身材，我就会开始去健身房。"

生活充满困难的时候，正是你接受不抱怨挑战的时候，因为停止抱怨会把你的注意力转移到可能性而不是局限性上。你的生活将因此改善。但仅仅接受挑战是不够的，你必须坚持下去！

关于承诺的力量，美国总统卡尔文·柯立芝有句名言："世上没有东西可以取代坚持。才华不能，才华横溢的失败者比比皆是；天才不能，事业无成的天才们处处可见；教育不能，受过教育的流浪汉遍地都是。只要持之以恒就是万能。'继续下去！'这个标语永远都能解决人们的问题。"

为了尽可能享受不抱怨的生活的好处，包括幸福感增加、健康状况改善和人际关系优化，即使生活很艰难，你也必须坚持下去。

按照大多数人的情况，你在这个过程刚开始的时候很可能反复移动手环，直到你感到气恼和厌倦。但如果你坚持下去，总有一天，当你躺在床上昏昏欲睡，无意间瞥到手腕时，你会发现这是你第一次看到几天甚至几个星期以来，手环还戴在你早上起床时的那只手腕上。你会想："我一定在今天某一刻抱怨过了，只是自己没有抓到。"但当你在内心复盘，你会意识到自己做到了。你竟然毫无抱怨地度过了一整天！过一天算一天。你能做到的。

> 当你的一生结束时，世界只会问你一个问题：
> "你做了你该做的吗？"
> ——科尔恰克·焦乌科夫斯基

毫无疑问，有史以来最伟大的个人发展书籍是拿破仑·希尔的《思考致富》(*Think and Grow Rich*)。这本书最初出版于1937年，它让更多的人走上了通往财富和幸福的道路。

就在2023年，我读了拿破仑·希尔的另一本书《战胜心魔》(Outwitting the Devil)。这本书是在他去世整整41年后出版的，采用寓言的形式，描写了作者与撒旦的对话，作者问他，黑暗王子路西法是如何设法破坏了这么多人的健康和幸福的。

撒旦说这一切都应当归结为偏离，偏离是指你知道自己想要什么，甚至可能制订了实现它的计划，但你的注意力转移到其他事情上，于是失去了对真正重要的事情的关注。偏离扼杀了所有伟大的计划，因为它分散了你对真正重要的事情的注意力。

为了履行接受不抱怨挑战的承诺，你一点也不能分心。你必须从第一天开始就每天戴着紫色手环，并且在每一次抱怨时勤快地把它换到另一只手腕上。

人们在不抱怨挑战中失败的唯一原因，就是让自己的注意力分散到其他看似重要的事情上，这样你就背弃了自己的承诺。不要让这种事情发生。100多年前，诗人埃德加·A.格斯特在美国各地的报纸上发表了他的诗《继续》(Keep Going)，为我们指出了成功的秘诀：

《继续》
当事情常常不如人意，

当你前行的道路充满艰辛，
当你资金不足而债台高筑，
当你想微笑却不得不叹息，
当忧虑把你压得喘不过气，
如果需要，休息一下，但不能放弃！

人生坎坷，前路曲折，
每个人都时有体会，
许多失败将峰回路转，
如果你坚持下去，就可能成功；
即使步履缓慢，不要放弃。
也许下一次尝试就会成功。

对一个软弱无力的人来说，
目标往往比看起来更近；
奋斗者本可以获得成功，
很多时候，他却已经放弃。
夜幕降临，他明白得太晚，
自己曾离金色王冠有多近。

成功是失败的背面,

是疑云的一线曙光。

你永远不知道自己离得有多近,

成功看似遥远,但或许已经近在咫尺,

所以当你最受打击的时候,坚持战斗。

在事情看起来最糟糕的时候,你决不能放弃!

真诚的分享

2006年7月的那个周末,威尔送出了第一个不抱怨手环,并开始了21天不抱怨挑战。那时我就在现场。

我认为这是一个疯狂的想法!任何人都不可能停止抱怨。但我震惊地发现,周围有这么多人都接受了这个想法,所以我试了一下。

相信我,这是一个非常简单的想法,但实际上很难做到,因为人们太容易中途就放弃了!

我的丈夫刚开始和我一起尝试,但几个星期后他说这不可能,然后就放弃了。他甚至开始嘲笑我,认为我想要坚持下去非常天真可笑。但我做到了。

每次我坚持了十几天左右,就会发生一些事情,然后我就会抱怨。

我记得有一次，我想把那个愚蠢的手环扔出窗外然后放弃，但我没有。

我坚持了下来。那只手环我戴了太久，换了太多次，它原来的紫色褪去，变成了脏灰色。但它成了我的荣誉徽章。

最后，经过一年半的努力，我终于做到了！连续21天没有一丁点抱怨，最棒的是，我现在感觉快乐多了。

我向我自己（和我丈夫）证明，如果我坚持下去，我就能做到！我真心相信只要不放弃，任何人都能做到。

——海伦·马修斯
密苏里州堪萨斯城

第四部分

无意识的有能

在无意识的有能阶段,你不再只关注伤害并喊痛,而是把心思都放在你想要的东西上。不仅你自己更快乐,你周围的人也会更快乐。你会开始为了微不足道的小事而感恩,你的财务状况可能也会跟着改善,你会收到这个宇宙对你的盛大祝福。

第十章

好运来临

阳光在我的眼中闪耀,但我几乎什么都看不到,

也完不成我应完成的任务。

憎恨这鲜活生动的光辉,我开始抱怨。

突然,我听到了空气中回荡着盲人手杖敲击地面的声音。

——厄尔·马塞尔曼

有好几种鱼都被称为盲眼鱼,其中大部分都可以在美国密

西西比三角洲一带的石灰岩溶洞区找到。大部分成年盲眼鱼身长约 12.7 厘米，几乎没有什么色泽。除了苍白的鱼皮，它们的另一大特点是，所有品种中只有一种是有眼睛的。科学家推测，可能是大陆板块或水道在多年前发生变化，这种鱼的祖先被困于洞穴中，由于完全被黑暗包围，什么也看不见，这些鱼逐渐适应了周围的环境，因此如今能够在黑暗的环境中茁壮成长。

经过世代的繁衍，盲眼鱼不再产生能保护鱼皮经受日晒的色素，因为已经没有必要了。同样，盲眼鱼渐渐开始产下没有眼睛的鱼苗。

在你花了几个月的时间努力成为不抱怨的人之后，你会发现自己已经改变了。正如盲眼鱼在世代繁衍之后，没用的器官和功能就会退化、消失，你也会发现，自己的心灵不再制造那些曾经泛滥的消极情绪了。因为你不表达消极的思想，心中的"抱怨工厂"也就关门大吉了。你关上了水龙头，水池也干涸了。借由改变自己的言语，你已经重塑了自己的思考模式。对你来说，你已经可以在"无意识"（毫无察觉）地达到"有能"（不抱怨）的状态了。

我组织过一个不抱怨的研讨会。在会议中，我希望让观众感受一下当所有人都抱怨时，屋子里的负能量会有多大，并让他们练习如何在抱怨后移动手环，所以我请所有的与会者两两搭档，轮流抱怨并移动手环。

我注意到有一位女士没有找到搭档，所以我就跟她一起做这个练习。她首先抱怨了自己的母亲，然后移动了手环，期待地看着我，告诉我该我抱怨了。我站在那里，却完全说不出话来。我想不出来任何可以抱怨的东西，即使我在脑海中想到了一些可抱怨的东西，我也意识到自己很难组织语言将它们表达出来。

过去几个月，我一直在仔细检查自己说的每一句话。现在，我的思想已经转变了，我心中的"抱怨工厂"也关门大吉了。而且，我已经习惯于捕捉自己的抱怨，并将其扼杀在摇篮里。因此，我现在感觉只要自己一抱怨就会被雷劈。

> 今天，在你抱怨之前，感恩自己还有一口气可以抱怨。
> ——勒克芮

我已经达到了无意识的有能阶段。抱怨于我如光线于盲眼鱼一样，我已经丧失了抱怨的能力。而且最重要的是，在努力做出改变后，我变得快乐多了。

这就是为什么对所有完成 21 天不抱怨挑战的人，我们会颁发"快乐证书"而不是"不抱怨证书"。因为所有坚持下去、挑战成功的人都会感觉到自己变得更快乐了,我们希望通过"快乐证书"来让他们认清自己真的有所转变。

一旦你挑战成功了,请给我们发邮件,邮箱地址为CustomerService@WillBowen.com,我们会制作一个"快乐证书"供你下载。你坚持了下来,取得了成功,你的生活因此会产生积极、令人兴奋的改变。能坚持下来是一种真正的成就,你的生活将以积极和令人兴奋的方式反映你的努力。

在无意识的有能阶段,你不再只关注伤害并喊痛,而是把心思都放在你想要的东西上。你也开始注意到自己如何表达期望。不仅你自己更快乐了,你周围的人们似乎也更快乐了。你会吸引那些乐观向上的人,你的积极天性将激励身边的人进入更高的精神与情绪层次。借甘地的观点来说,你本身就体现了你希望在世界上看到的改变。当困难出现时,你不会对其他人抱怨并因此浪费精力;相反,你会直接找到能解决你的问题的人,只和他们交谈。

在无意识的有能阶段,你还会注意到另一件事,那就是当周围的人开始抱怨,你竟然会觉得很不舒服,仿佛有一股非常难闻的气味突然飘进室内。因为你已经花了那么多时间检视自己、对抗抱怨,所以当你听见别人吐出怨言时,就好比在神圣的宁静时刻里听到了嘈杂的钹声。然而，即使旁人的抱怨听来很不顺耳，你也觉得没有必要指正对方。你只是观察着——因为你既不批评，也不抱怨，对方也就不必为自己的行为辩解而抱怨个不停。

> 冠军从不抱怨，他们忙着变得更好。
> ——约翰·伍登

你会开始为了微不足道的小事而感恩，就连以前觉得理所当然的事也不例外。当你已经稳定地处于无意识的有能状态，你心中的预设立场会是欣赏与感恩。你仍然有渴望实现的目标，而且这样很好。现在，带着新发现的正能量，你渴望实现的目标会在心中显现，朝着你步步接近。

你的财务状况可能也会跟着改善。钱本身并没有价值，它只是一些代表价值的纸张与硬币。当你更加珍惜你自己和你的世界，你就会释放某种吸引力场，为自己开拓更广的经济来源。

认真看待任何微不足道的小事，并且时时感恩。如果有人为你开门或好心帮你提东西，就把它们当成这个宇宙对你的盛大祝福，如此一来，你就会吸引来更多的祝福。

你会成为别人生活中的一缕阳光,而不是厄运的阴霾。生活也会因你新的生活方式给予你回报。

我曾经在华盛顿州西雅图的一家广播电台工作。我们的前台接待叫玛莎,她有着我见过的最开朗、最灿烂也最真诚的微笑。她总是不吝赞美,衷心喜悦,愿意为任何人做任何事。在办公室里,你时时可以感觉到她的存在,而每个人也都发现,自己因为玛莎而变得更愉快、更有创造力了。

离职几年后,我回到这家电台去探访朋友,觉得这里有点不一样了。站在大厅里,我感觉整个电台的气氛和感觉都变了,就好像有人用了比较暗的颜色粉刷墙壁,或是照明出了什么问题。

"玛莎呢?"我问道。

销售经理说:"她被别的公司挖走了,薪水是我们这边的两倍多。"她慢慢地环视着办公室,愁眉不展,又加了一句:"那家公司赚到了。"

玛莎快乐昂扬的性格所散发的活力影响了这家电台的每个人,而她的离职则使全体员工的快乐程度和生产力都降低了。业务员说,没有玛莎接电话,向客户传递沁人的愉快,电台接到的投诉数量更多,言语也更激烈了。

成为不抱怨的人,还能获得另一份最重要的礼物,就是你对家人的影响力。你的孩子一般都会以你为榜样，并且学习你对生活的态度。他们会受到你的影响，用和你一样的态度看待事物。

> 如果你总是在生气或者抱怨，没有人会在你身上花时间。
>
> ——斯蒂芬·霍金

作为父母、祖父母、叔伯、姨婶等，你也在潜移默化地影响着年轻人。孩子们会变成他们看到的大人的样子。现在，你知道了抱怨究竟有多大的毁灭性，你希望你的孩子也养成抱怨的习惯吗？你希望他们的世界观灰暗，感觉自己就是一个受害者吗？当然不。

最近，在一次讲座之后，一位女士过来问我："我如何才能让我的孩子不再抱怨那些小事？"然后，她又跟我很详细地抱怨了自己和孩子之间出了多少问题。

我知道，她的孩子只是在模仿她的语言和态度，于是告诉这位憔悴的母亲："也许你应该首先自己做到不再抱怨。"

她恼怒地瞥了我一眼，说："要不是有我那个讨厌的孩子，我才不会抱怨呢！"

我只能叹气了。

这位母亲陷入了一个消极的循环中，而且不愿意接受我刚刚给她指出的出路。更糟糕的是，她让她的孩子过上了一种不快乐、不满意的生活。

不抱怨的人一般能更轻松地获得自己期望的东西，因为人们喜欢帮助那些爽快的人，而不是那些对他们严加苛责、长篇大论的人。现在，你不再抱怨，大家都更想和你共事或为你工作，而你将实现和收获比曾经的梦想多得多的东西。花一点时间，同时仔细观察，这一切就会发生。

常有人会这样问我："我密切关注的社会议题怎么办呢？如果我不抱怨，怎么做才能促成积极的改变呢？"重申一次，所有的改变源于不满。只要有人发现事情的现况与理想状态之间有落差，改变就有可能发生。但不满只是开端，不能成为结果。

如果你抱怨某种状况，你或许可以吸引其他人跟你一起嘀咕、抱怨，却发挥不了多少作用——因为你的关注点一直是现存的问题，而不是解决问题的方法。然而，如果你弄清楚需要做些什么，开始描绘挑战不复存在、落差已经抹平、问题也获解决后的光明愿景，你就可以振奋人心，促使人们做出积极、正面的改变。

不抱怨的另一个好处就是，你会发现自己不再那么经常生气和害怕了。生气就是害怕的外向表现。而你现在已经不再整天忧惧,也就不会再吸引那些生气、害怕的人进入你的生活。

我有个朋友,他曾在一个小镇的教堂做牧师,他所属的教会派了一位顾问去帮助他扩展教会。

顾问说:"找到他们害怕的东西,用那个东西激怒他们,他们就会对别人抱怨这种状况,然后他们就会团结起来,吸引更多人进教会。"

> 当生活给你柠檬时,就用它做柠檬水吧,并卖给所有那些因抱怨而口渴的人。
>
> ——拿破仑·希尔

这套方法似乎有违我朋友正直的行事作风,他认为自己的教会应该帮助有需要的人,带给他们希望,而非激怒他们。他打电话给另一位牧师,询问这种利用恐惧和愤怒的手段在他那边成效如何。

另一位牧师说:"好吧,可以说效果非常好,确实带来了许多新人。问题是他们是一群惊惶又愤怒的人,一天到晚都在抱怨——现在我已经被他们整得焦头烂额了。"

如果你想知道通过抱怨吸引追随者的例子,就请看看罗伯特·普雷斯顿主演的经典电影《欢乐音乐妙无穷》吧！影片中，普雷斯顿饰演不择手段、讲话如连珠炮般的推销员哈罗德·希尔教授，负责兜售乐团用的乐器。他来到艾奥瓦州的小城里弗，问他由巴迪·哈克特饰演的老友："这城里有什么东西可以让我用来激怒大家？"哈克特告诉他，城里最新的大新闻是第一张台球桌刚刚送到了。

希尔教授抓住了这个时机。他唱着歌到处宣扬，年轻人打台球会诱发犯罪和堕落，这激起了全城的恐惧。

当然，希尔解决台球导致的"道德败坏"和"集体歇斯底里"的办法，就是让年轻人全部加入乐团。我们伟大的销售员希尔教授将乐器和制服卖给所有男孩的家长，并以此"拯救"了这座城市。为了自身的利益，他煽动城镇居民的抱怨并由此操控他们，而且相当奏效。

人们经常问我："但是，抱怨不是有益于健康吗？难道你不需要宣泄情绪来摆脱自己的沮丧吗？"

20世纪70年代，一些心理治疗师鼓励病人参与所谓的"尖叫疗法"，发泄负面情绪的想法开始在美国流行起来。人们相信，一个人可以通过尖叫来排解内心的消极和痛苦，但这种方法后来遭到了反驳。

布拉德·布什曼博士是俄亥俄州立大学的科研教授，他花了将近35年研究愤怒。他认为:"我们的研究成果清楚地显示,发泄愤怒情绪会提高而不是降低人的攻击性。"

布什曼教授在网站上发表了《好奇的思想》一文,其中写到了"宣泄论"。宣泄论是心理学上的术语,是指愤怒会通过宣泄而减少。文中写道:

> 宣泄论认为,表达愤怒可以让情绪健康地释放,所以说对人的心理很有好处。宣泄论可以追溯到弗洛伊德甚至是亚里士多德,听起来非常吸引人。不幸的是,事实和科学研究证明,宣泄怒气并不能产生任何积极作用,反而会伤害自我及其周围的人。

拉斯维加斯的魔术师组合佩恩和泰勒致力于破除人们的错误理念,在他们的网络节目《放屁!》中,他们邀请布什曼教授证明自己的观点。

布什曼邀请六个大学生参与这一心理实验。每个学生都各自待在一个小房间里,实验工作人员给他们每人一支笔、一张纸,让他们写一篇文章,不限主题。差不多30分钟后,布什曼的研究助理约翰收上了这些作文,并告诉学生们其他学生会给他们的作文评分。

事实上，根本没有什么其他学生给他们打分。约翰在学生们的作文上方用红笔写下了大写的"评语"："不及格！这是我读过的最差的文章。"然后，他把"评过分的"作文还给学生。你可以通过录像看出，在自己的作文获得差评后，学生们的脸上露出了愤怒的表情。

约翰继而给其中三个学生发了枕头，让他们砸几分钟枕头，以发泄怒气。另外三个学生则被当作对照组，工作人员只是让他们安静地坐在那里冷静几分钟。

等待了一段时间后，约翰对每个学生说，现在他们每个人都有机会向给自己文章差评的人"寻仇"。我们知道，其实根本就没有其他学生，而是布什曼的研究助理约翰在学生们的作文上写下了低分与差评，让他们变得愤怒。

> 如果你停止抱怨，不再追求你永远都得不到的东西，你就可以过上好日子。
>
> ——欧内斯特·海明威

接着，约翰端着一个托盘依次走进每个学生的房间，托盘上方有滚烫的调味汁和杯子。约翰告诉学生们，他们可以决定让假想的其他学生喝多少调味汁作为惩罚。学生按自己的心意把一定量烫得冒泡的调味汁倒入杯中，然后工作人员测量了每个杯子的重量。

结果非常有趣：那些砸过枕头的，也就是宣泄过怒气的学生，往杯子里倒的调味汁更多。

现在，让我们来想一想：传统的宣泄论认为，砸过枕头的学生已经发泄了怒气。但事实上，在被允许尽情宣泄内心的不满后，相比于静坐了一会儿的学生，那些砸过枕头的学生心中的怒气和恨意反而多得多。

布什曼说："我们的实验结果显示，比起什么都没做的人，发泄过怒气的人的攻击性是他们的两倍。"

这只是实验的第一部分。实验的第二部分更戏剧性地向我们展示了发泄怒气如何加剧而不是缓解了学生们心中的不安。工作人员给学生每人一张纸，上边列有一些没有拼写完全的单词让学生们补全。这张纸上写有：

Cho_e
Att_c_
Ki__
R_p_

对照组的学生没有机会砸枕头来发泄他们的愤怒，他们倾向于补成中性的单词，例如：

Chose（选择）
Attach（连接）
Kite（风筝）
Rope（绳子）

然而，那些砸过枕头，也就是本应发泄过怒气，变得更加平和自信的学生，却往往会造出这样的单词：

Choke（使窒息）
Attack（攻击）
Kill（杀死）
Rape（强奸）

生气时，在心中默数十下再说话；如果非常生气，那就默数一百下。

——托马斯·杰斐逊

布什曼教授说："发泄后，人们变得更具攻击性。"简单来说，几十年来已被心理辅导人员、心理学家和大众媒体接受和普及的宣泄论，其实是毫无根据的谬论，反而会导致相反的结果。

在一篇由布拉德·布什曼、罗伊·F.鲍迈斯特和安杰拉·D.斯塔克合著的题为《宣泄、攻击性和说服力：自我实现还是适得其反的预言？》的文章中，他们指出："读过声称攻击性行为有助于释放和减少怒气的宣泄论的参与者，往往会表现出更强烈的砸东西的欲望。"

不仅如此，阿肯色大学的心理学教授杰弗里·洛尔在对宣泄愤怒进行了几十年类似的研究后，也得出了同样的结论。他的研究结论是："砸枕头和打碎盘子并不能减少随后的愤怒表达。这项研究清楚地表明了这一点。事实上，研究结果很清楚地显示事实恰恰相反：你越是愤怒，怒火烧得越旺。"

人们的共同经验证明，发泄并不能让我们感觉更好受。如果发泄愤怒让我们变得更快乐，那岂不是最常抱怨的人就是最快乐的人？我们都知道那不是真的。正如布什曼教授所写："对那些不知道怎么处理自己的怒气的人来说，如果他们的心理医生让他们发泄怒气，那么请尽快换一个医生吧。"

美国杜兰大学心理学家迈克尔·坎宁安博士解释，人类的抱怨行为可能是从人类祖先在部落遇难时发出的一种警戒性呼叫进化而来的。他说："哺乳动物是会尖叫的物种。我们会谈论自己的烦扰以取得帮助，或是寻求众人支援来发起反击。"

我们抱怨时就是在说："事情不太对劲。"我们经常抱怨，就是持续活在"事情不太对劲"的状态中，导致生活中的压力增加了。

试想有人经常对你说："当心啊！""小心，会有坏事发生！""从前发生过不好的事，这就代表往后会有更多坏事出现。"他们不断指出潜藏的危机与陷阱，难道不会让你的生活更压抑吗？

当然会。所以，如果你经常抱怨，那个触发警铃的人就是你自己！你借由抱怨加重了自己的压力，你说着"事情不太对劲"，而你的身体会对高强度的压力做出反应。

心理学家罗宾·科瓦尔斯基博士在名为《抱怨语言与抱怨行为：行为、先例与结果》的文章中简洁地总结了抱怨对我们身体的影响，他指出："症状随着报告症状的增加而增加。"换句话说，你对自己的生活和健康抱怨得越多，你遇到的问题就越多。

我经常被问道："我可以和治疗师谈论我的问题吗？还是说这也是抱怨？"答案是你当然可以谈论你的问题。因为当你和心理医生交谈时，你是直接单独和一个能够帮助你解决问题的人交谈。一位好的治疗师能为你生活中的痛苦事件赋予意义，让你重燃希望，并为你创造更好的生活提供建设性建议。

然而，向无法提供解决办法，只能表示同情的朋友、同事、家人或陌生人发泄，可能只是给你宣泄自己的负面情绪找借口，这实际上会带来更多的问题。而和态度消极、不停抱怨的人为伍，会激发你大脑的消极区域，让你更容易专注于错误和缺失的东西，而不是感激现有的还能起作用的东西。

《公司》杂志上发表的一篇文章解释了这样的现象："当我们看到一个人经历某种情绪（愤怒、悲伤、快乐等）时，我们的大脑会'尝试'调动同样的情绪来想象另一个人正在经历什么。为了做到这一点，它尝试激发你自己大脑中相同的突触，让你试着将自己与观察到的情绪联系起来。"因此，正如我们之前讨论过的，当其他人开始抱怨或表达消极情绪时，暂时离开实际上对你的身心健康都有好处。

记住，抱怨的反义词是感恩。每天花点时间写一张感恩清单吧。感谢生活中美好的事情，这样你就不会有时间去想那些不好的事情。加利福尼亚大学戴维斯分校进行的一项研究发现，每天都在努力培养感恩的态度的人，其压力荷尔蒙皮质醇的含量会降低23%，因此心情会更好，精力也更充沛。

有一句话是这么说的:"如果你已经在洞里了,就别再挖了。"如果到现在为止,你的生活没能变得像你期望的那样,那么就别再通过抱怨把洞挖得更深了。坚持下去,完成21天不抱怨挑战,你的生活的方方面面都会得到改善。

在下一章中,那些完成了21天不抱怨挑战的人会与你分享心得。看看在他们的生活中,不抱怨挑战展现出怎样的力量。

真诚的分享

四年前,我那做警察的23岁的长子在开车时突发脑出血。细节在此不多描述,总之这是段漫长的旅程,但一路走来,我们全家始终凭借对上帝的信任和彼此间无条件的爱互相扶持。

我的儿子本正在康复中(所有的医生之前都说他熬不过来),也心平气和地接受了自己的残疾——这对我们所有人来说,都是一项要修习的功课。而神的恩典也在他心中满溢。

本有轻微的失语症,右半身失去行动能力,反应也有些迟缓,但他持续进步着,而且从不怨天尤人。这就是我们需要手环的原因。如果本可以无怨无艾地背起自己的十字架，我们其他人当然也可以。我希望那些在康复之路上帮助过本的人，都能够拿到手环。

非常感谢您，同时祝您顺利完成您的目标。您已经产生了莫大影响！

——诺琳·开普勒
康涅狄格州斯托宁顿市

第十一章

不抱怨挑战的真实故事

> 你嘴上不诉苦,就没有人能可怜你。
>
> ——简·奥斯汀

这一章献给那些到目前为止参与了 21 天不抱怨挑战的超过 1500 万人中的一部分人。

当你阅读他们的故事时,请特别注意故事中的共同点,看看你是否能在别人的经历中找到自己的影子。

瓦日玛·马萨尔韦

幼儿园园长

2022 年，我有幸参加了在得克萨斯州达拉斯市举行的幼儿教育工作者协会会议，威尔是会议的主讲人之一。

我立刻被他所说的一切吸引，包括紫色手环和不抱怨挑战。我发短信给我的助理，将威尔的幻灯片拍照给她看，说："埃丽卡，我们要这么做！"

那天晚上回到酒店，我从 Audible 有声书官网上下载了威尔的书《不抱怨的世界》，然后打开了威尔的脸书页面，成为不抱怨群组的一员。我迫不及待地想和我的家人和同事们分享这个新任务。

回到家后，我事无巨细地把不抱怨挑战描述给我丈夫和女儿们听。接下来，我和老师们开了一次全体员工会议，告诉他们如果有人愿意和我一起加入不抱怨挑战，这对所有人都将是很大的鼓励。他们都激动地举起了手！第二天我就订购了手环，并在挑战过程中继续听威尔的有声书，以获得更多的鼓舞和帮助。

我开始意识到自己是如何措辞的，以及这会给别人带来什么感受。开始不抱怨挑战后，我发现自己更少抱怨交通情况了，对别人把我们家弄得乱糟糟的也不那么感到心烦了。我大多是因为工作上的事而偏离自己不抱怨的目标。我必须不断提醒自己，我要为那些和我一起参加挑战的人树立榜样，不要抱怨父母、其他老师等，所以我不停地移动手环。

一开始的三个星期是艰难的。尽管如此，我还是坚持了下来，很快，这个挑战就变得轻而易举。我在2022年6月5日正式完成了不抱怨挑战。我不仅读完了《不抱怨的世界》这本书，而且会定期重温其中的一些部分。我还把威尔的另一本书《不抱怨的世界·人际关系篇》读了好几遍，包括精装版和有声书版。

自从接受了21天不抱怨挑战后，我彻底不听新闻了，选择让自己接触那些使我快乐而不是悲伤的事情。

我认识到我们只有一次人生，因此我们必须活得充实。我与丈夫、女儿和自我的关系现在都有了新的意义！我还在继续坚持不抱怨，而且很欣赏自己新的人生观。

温迪·巴布科克

演讲者、善意接力创始人

不抱怨挑战从各个方面改变了我的生活。没错，我知道这听

起来很夸张，但事实确实如此。当我偶然听说这个运动的时候，我在当地的一家医院做着一份全职工作，并且已经对这份工作相当反感。

我在那里工作了 20 年，从未像现在这样每天一早走进门就生出一种恐惧感。最近，我的工作从首席医疗转录员调换为医学编码员。这是一个艰难的转变，也不适合我。除了工作不顺心，我还在调整自己。10 年前我脱离了一段饱受虐待的婚姻，现在仍在遭受创伤后应激障碍的侵扰，而我正在努力成为一个更好的人。

有一次，我在听帕姆·格劳特的有声书，她提到了不抱怨运动。我记得自己暂停了有声书，仔细思考了一下。一个不抱怨的世界？我想了想自己正在为驱赶生活中的消极性，创造一个更美好的未来而做的所有尝试。我想，停止抱怨是我能做的最好的事了。如果我能在生活中不再抱怨，这将产生什么样的效果呢？我立马登上谷歌和社交媒体，搜索了一下这个运动和它的发起者——威尔·鲍温。我了解到这个运动已经影响了数百万人，我很感兴趣！

为了更多地了解威尔·鲍温，我在社交媒体上找到了他的个人简介。下一刻，我将称之为"命运的一刻"，因为就在那一天，威尔·鲍温发帖说他正在寻找 10 个人，这些人可以接受他的培训，向全世界的人介绍不抱怨运动，来让这个运动产生更大的影响。

还没等我真正想清楚，我就发了一封申请邮件。但当我点击"发送"按钮时，我就惊恐发作了。现实像千斤重担一样压垮了我！我对自己说："我不是一个演讲者，我讨厌在一群人面前讲话！"我坐在那里问自己到底为什么要申请成为一名励志演说家。我感到焦虑不安，直到意识到自己很有可能不会被选中。

然而，大约两个星期以后，我收到了一封来自威尔·鲍温团队中某位成员的电子邮件，邮件写道："我们很高兴你有兴趣成为一位不抱怨运动认证培训师！我希望能和你约个时间面试。"

参加面试的时候，我特别紧张，但屏幕另一边的年轻女士热情地微笑着迎接我。她性格活泼、让人安心，和她聊天让我感觉很自在。那时我才得知她叫阿梅莉娅，是威尔·鲍温的女儿。

她问我为什么觉得自己会适合参与这项培训。回答她的问题时，我突然意识到自己实际上是在给她讲我的人生故事，详细讲述我是如何克服这么多困难的。从痛苦的童年和经历家庭暴力，一直到最近接受双侧乳房切除术，我和她分享了所有自己用来保持积极心态和治愈生活的技巧。

面试结束后，我等了很久，像是等了一辈子。直到有一天我听到电脑发出"叮！"的一声，提醒我收到了新邮件，我读到那句将永远改变我人生的话语："恭喜，你被选中了！"

一瞬间，我百感交集：震惊、兴奋、恐慌、备受鼓舞……我决定将为此付出自己的全部，因为他们对我有信心。我会积极参加培训，把自己最好的一面展现出来。我确实就是这么做的。那年夏天，我和丈夫从威斯康星州中部开车去密苏里州的堪萨斯城，我在那儿被威尔·鲍温正式认证为"不抱怨运动培训师"。

多亏了威尔的训练，我开始规划演讲计划。我在一些教堂、一所当地学校和一些社区团体发表了演讲。每次演讲后我都很兴奋！我开始觉得在台上越来越自如了。

那年8月，我父亲在与癌症的第三次斗争中失败了。你可以想见，我们的家因此崩溃了。我沉浸在悲伤中，我意识到生命如此短暂，除了让自己快乐，其他都不重要。于是我和丈夫推心置腹地谈了谈，我想要辞去工作，全职从事演讲事业。他很支持我，并希望看到我快乐和成功。所以我趁热打铁，敲定了尽可能多的演讲安排。

很快，我就在威斯康星州外敲定了演讲，并去了一些非常棒的地方。根据这些演讲计划，我的丈夫布赖恩陪我一起，我们在演讲之余也度过了一些小长假。新冠疫情期间，多亏互联网带来的机会，我能向身处澳大利亚和英国的人们发表国际演讲。然后，在2021年8月，我发表了自己的第一次TEDx演讲！

所以，当我说不抱怨挑战从各个方面改变了我的生活时，我是认真的！它不仅改变了我的想法、我的人际关系、我的生活方式,还改变了我看待生活的方式。现在,我不再抱怨生活给我带来的一切,而是问问自己:"我的生活中有什么好事?"而我总能找到答案!

肯尼·赫博尔德
精算和金融业专业人士

我从不认为自己是一个爱抱怨的人,但我认为人要不断完善自我,所以当我听到一位女士在她的播客上提到威尔和不抱怨挑战时,我觉得自己得去查查这是什么。

尤其当播客主持人提到她正在努力确保自己每次遇到问题,只会直接与能够解决问题的人说话,而不是抱怨时,我就更加感兴趣了。

不抱怨挑战带我走上了一条奇妙的自我探索之路。接受挑战是一场关于自知力的强化速成课,我不确定你还能否找到别的方式。我并不是说自己已经是大彻大悟的专家,但要学会真正倾听你的想法,并在把它们大声说出来之前就纠正,这需要很强的专注力和很高的自觉水平,培养起来是非常困难的。

不抱怨挑战会推着你走向这种程度的自制。我能够养成习惯，把某些类型的言语和话题从我的词汇中删除。例如，我努力在交流中消除那些曾经困扰我的闲言碎语和抱怨。

不要误会我的意思，如今我偶尔还是会回到家后，忍不住告诉妻子某某人做了什么，或者某个白痴同事做了什么毁了我的一天，但这样的时候越来越少了。

我真正开始注意到的是其他人的某些行为是如何影响我的情绪的。我发现当我的妻子在抱怨，特别是抱怨那些我认为"愚蠢"的事情时，我的心情会变得不好。这种消极性会破坏我们的夜晚，因为如果我对她抱怨的事情反应消极，她也会对我做出消极的反应，我们会没来由地对彼此感到失望。

我甚至意识到，如果我不喜欢别人的驾驶方式，我会在车里抱怨，好像这样可以让他们驾驶得更好似的。

我用了将近8个月才实现连续21天没有一句抱怨。在这个过程中，我成了一个更有耐心的司机。最重要的是，我学会了如何分辨别人的情绪和行为、我无法控制的事情，以及对我的生活没有太大影响的事情对我的情绪产生负面影响的时刻，而仅这一点就让我接受了许多自己无法改变的事情，让我整体上得以用更冷静、积极的态度看待人际关系和生活。

安迪·豪斯曼
客户成功经理

我喜欢读任何能够改善自己生活的东西，有一天我偶然读到威尔·鲍温写的《不抱怨的世界》，书中传达的积极信息给了我很大启发，所以我读完这本书后，决定接受21天不抱怨挑战。

挑战开始后仅仅几天，我就开始觉得更轻松、更快乐了。最重要的是，我和妻子吉娜的婚姻关系得到了改善，因为我们开始以一种更有爱、更有效的方式交流。另外，我发现自己下班回家后精神好多了，甚至对我的儿子布罗迪和女儿贝拉而言，我成了一个更积极的父亲，我不再因为孩子们的无理取闹而抱怨或生气。

接受21天不抱怨挑战后，让我最欣喜的是自己在生活中吸引了更多的积极因素。我变得更加注意自己说的话和说话的方式。现在我发现自己更多的是在主动回应，而不是被动反应。

我还注意到当别人抱怨、批评或说闲话时，我会自觉地注意不去参与。过了一段时间，我甚至不再在工作中有任何消极的行为。到目前为止，我最好的一次不抱怨记录已经持续了13天，我期待着成功完成21天的挑战。

接受21天不抱怨挑战对我的生活产生了非常积极的影响，我对此非常感激。虽然这并不容易，但我很享受这个过程。从现在开始，我会定期进行挑战。

凯蒂·克鲁兹
建筑估价员

2020年疫情来袭时，我发现自己有了更多的时间内省，也开始在家里找事情做。我听说过《不抱怨的世界》这本书，但还没有看过。我上网找到了威尔·鲍温，发现他每天在他的脸书主页上更新活动进展。

我开始每天看活动进展，也因此加入了威尔的不抱怨的生活核心圈子，购买了他的书和紫色手环。我还在努力实现21天的目标，这个群组帮助我集中注意力，注意我的想法和行动。我知道自己能完成挑战！

我喜欢这种在不抱怨的生活核心圈子中的归属感、责任感和被支持感。群组中每天都会有人发帖，不管我们是取得进步还是重新回到第一天，我们都会互相打气，这些都给了我鼓励。这是一个鼓舞人心的团体，我很高兴自己成为其中一员。

21 天不抱怨，我来了！

利兹·杜塞特·斯内登
企业家

2020 年 11 月，我在一次威尔的访谈中第一次听说了不抱怨的世界这一绝妙的想法。我很感兴趣，这确实引起了我的注意。几个星期后，我仍然时不时地想起那次访谈。于是我决定让自己经受一次考验。

我能坚持多少天不抱怨呢？

我很快意识到，最好先看看在我醒着的时间里，我能坚持多久不抱怨。

我一直认为自己是个积极的人，然而意识到自己说的话让我大吃一惊。我认识到自己有很多需要改进之处，于是订购了威尔的书《不抱怨的世界》，学习其中的概念。我为自己订购了一个不抱怨手环，还多买了几个，希望其他人能和我一起参加 21 天不抱怨挑战。接下来，我加入了不抱怨的生活核心圈子，它也是一个强大的工具，通过每天跟踪和报告 21 天不抱怨挑战的进度来帮助我保持清醒。

这让我经历了一次难以置信的成长。这种概念、这本书，以及从不抱怨的生活核心圈子中得到的社会支持，都是我成长过程中强有力的工具。我花了 230 天才完成挑战，但我做到了！

我现在的重点是保持感恩之心、发现他人的长处和善意，并在每次挑战中获取经验。我现在的目标是每天至少让一个人微笑！谢谢你，威尔·鲍温！我非常感激你，而且很欣赏你！

琳达·斯塔恩斯
退休教师、只需慢一点创始人

---

10 多年前，在阅读了威尔·鲍温的书《不抱怨的世界》后，我第一次接受了不抱怨挑战。它不仅激励我停止抱怨，还促使我为孩子们和马儿们开展了一个项目。

当我发现威尔·鲍温的每日活动进展视频时，他回到了我的世界。我再一次买了他的书，接受不抱怨挑战，并且加入了不抱怨的生活核心圈子。

威尔·鲍温已经给我的世界和生活带来了巨大的积极影响。

21天不抱怨挑战会改变你的思想，让你更加积极、更加知足，激励你去帮助别人。

多亏了这个活动，我现在有了不同的人生。我是一个懂得感恩的人，以积极的方式开始每一天。

"杨柳"芭芭拉·德林克沃特

退休房地产经纪人

在我戴上紫色手环，宣布自己参加21天不抱怨挑战之后，我发现自己的生活正在发生积极的变化。

这也引起了别人的注意，于是我皮夹中几个多出来的手环很快就出现在我朋友们的手腕上，她们也参加了挑战。这让我的生活更加快乐！我女儿说："没问题的，只管去做吧！"她的话让我看待这一切时有了全新的视角。

有一天，我丈夫对我们在餐桌上说的一些话感到非常生气，于是他站起来走出了房间。我甚至不记得他说了什么，但很快他就回来了，并坐下来指着自己说："我不知道我在走廊里遇到的那个家伙是谁,但他离开了,你不高兴吗?"不抱怨的概念也正在影响他。

现在,我能在抱怨之前让自己停下,我的思想不再局限于问题本身,而是转向寻找解决方案。不抱怨挑战教会了我感恩,用航海术语来说,我就是自己的船长!

丹尼尔·里西
巧克力店经营者

2016 年,我听说了威尔·鲍温的作品。当时,我的妻子埃莉安娜给我发了一篇她在一个巴西网站上看到的关于不抱怨的好处的文章。那时我经常抱怨,这影响了我周围的每个人,包括我的小儿子佩德罗。这篇文章提到了威尔的书《不抱怨的世界》,而且有葡萄牙语版本。

我买了这本书,学会了如何通过连续 21 天不抱怨来养成不抱怨的习惯。威尔解释,养成这个习惯有四个阶段:无意识的无能、有意识的无能、有意识的有能和无意识的有能。相信我,我经历了所有阶段!

这个过程很简单：在你的手腕上戴一个不抱怨手环，你每次抱怨后，都要把手环移动到另一个手腕上，然后回到第一天重新开始。

我订购了手环，开始21天不抱怨挑战。我花了整整两年两个月零八天的时间，不停地移动手环，才做到了连续21天不抱怨。威尔·鲍温发给了我一份"快乐证书"，直到今天，我仍然自豪地把它放在桌子上。

秘诀是永不放弃。此后，我加入了威尔的不抱怨的生活核心圈子。作为团体成员之一，你可以在脸书上发布自己已经几天没有抱怨过，以此来激励自己和其他人！当我们不再抱怨，我们就会以一种非常成熟的方式寻求解决办法，而不是扮演受害者。这改变了我生活中的每一个方面。

我继续坚持每天进行挑战，并已经完成几次21天不抱怨挑战。这使我更加专注，我的生意日渐兴隆，我与员工和家人的关系也大大改善了。最重要的是，我开始更加喜欢和关心自己了！我甚至实现了我一生的梦想，那就是成为圣保罗警察局的警官！

我相信，不抱怨是自由、成功和财富的代名词。但我仍然需要每天练习，时刻警醒自己。如今我不仅不抱怨，还总是监督自己不说闲话或说别人的坏话。

我还从威尔·鲍温那里了解到，不抱怨能让我们逐渐耗尽脑中消极思想的来源，因为只要我们抱怨，大脑就会源源不断地补充更多消极想法。

坚持 21 天不抱怨让我上瘾，我永远都不想停止。我很荣幸能成为这场运动的一分子！我感到非常满足和快乐。我懂得了，快乐是一种选择，它并不取决于外部因素。你可以主动选择快乐。而我想一直快乐。

杰夫·伦哈特

2012 年，我在镇上一家当地公司的管理团队中工作，有人向我介绍了《不抱怨的世界》这本书。我们整个管理团队都被要求阅读这本书，并尝试至少 30 天不抱怨。

这一切都来得正是时候，因为我的同事和我自己的消极情绪都让我的工作进行得很艰难。我很快意识到自己每天在不经意间究竟抱怨了多少！

我开始专注于自身，注意自己在生活中，尤其是在工作中发出的抱怨。

第二年的圣诞节，威尔·鲍温在他的脸书主页上发起了一个比赛，如果你的参赛作品被选中，他可以免费来你的社区发表演讲。那时，我换了一家公司工作，但消极情绪仍然很多。所以我给威尔发了邮件，说明如果他来艾奥瓦州迪比克发表演讲，我们和这座城市会受益良多。

令我吃惊的是，两天后威尔发来邮件说我是优胜者！我很快成立了一个不抱怨委员会，让委员会规划参与威尔来这里的行程，也让每个人都了解了不抱怨挑战。

这里的学校和其他企业、组织也参与了进来，甚至当地的市议会也宣布确立一个特别的"不抱怨日"！

威尔来这里演讲已经是10年前了，但人们还会提起它，告诉我阅读《不抱怨的世界》和参加紫色手环练习让他们受到了多大的鼓舞！

布赖恩·马蒂斯
皮肤科医生、发明家、《德曼小子拯救了假期》作者

作为一名医生，我的职业就是帮助他人。但有趣的是，用医学术语来说，病人的担忧被认为是"主诉"(chief complaint)，

也就是一个人来到诊所看医生的主要原因。

所以,威尔的书似乎与我的职业形成了鲜明的对比。但他的声音被我记在脑海中,帮助我改变了自己的医务工作、职业和生活。我给每个员工都买了一本《不抱怨的世界》,结合其中的技巧和不抱怨手环,这本书帮助我们改变了自己的思维方式。这样做使我们发现,比起抱怨或说三道四,我们更应该采取行动。

抱怨和担心并不能改善一个人的现况。行动可以。现在,我们的工作人员(医疗助理、护士、医生和管理团队)以一种全新的方式审视他们的话语,倾听自己。

感谢威尔·鲍温和不抱怨运动,我们非常感激。他的话和我们的行动对我们自己和我们的病人都有重大影响。

迈克·芬克尔斯坦
全球体育公司执行董事、罗格斯大学商业硕士学位课程教授

说起体育管理领域的从业者时,你脑海中可能会浮现出一个不屈不挠、追求成功,也许有点咄咄逼人的形象。也许你会发现自己想到的是电影《球手们》中的道恩·强森或是《甜心先生》

中的汤姆·克鲁斯。总之，你会想到一些被金钱、权力和声望所驱使的人。

我在罗格斯大学开设体育管理课程时，我知道我需要着重培养人们所说的"软技能"，包括与他人合作的能力，以及最重要的一点——在这条职业道路上遇到各种艰难险阻时始终保持积极乐观的能力。

2010年，我读了威尔·鲍温的书《不抱怨的世界》并接受了为期21天的挑战。这真让人大开眼界！我知道这必须作为有志于从事体育管理专业的人才学习的课程的一部分。

所以，每次圣诞节假期，我都会给我的学生每人发一本威尔的书，让他们接受为期21天的不抱怨挑战。在下一个学期快结束时，他们每个人都要写一篇关于自己经历的文章。他们的意见让我更加坚定要把这作为每年课程的必修部分。

以下是我一些学生的反馈：

> 我会坦白地说出我以前抱怨的经历。多年来，我一直很消极，而且我从没想过自己会找到克服它的办法。我会抱怨生活的方方面面。在比赛中，我会抱怨："我没有在一个好团队中，是时候换个地方了。"在学校里，我会抱怨："我怎么才能毕业呢？我就是不够聪明。"

所有这些消极的想法和抱怨都破坏了我昔日的人际关系，也让我一遍又一遍地质疑自己的能力。我从没想过它会结束。

直到我读到了威尔·鲍温的《不抱怨的世界》。真巧啊，当我决定要攻读研究生，做出重大的人生改变时，我读到了第一本能帮助我在余生中走上积极道路的书。

——罗斯·巴伦

你在上学期末给我们的不仅是一本书，我认为它更像是一个生活指南，可以作为生活的准则。

无论你是一个刚开始崭新人生的年轻人，还是一个已经退休的人，你都可以读这本书，并且都会有所收获。如果你能对21天不抱怨挑战得心应手，停止抱怨，你的世界将会是更美好的生活的所在之处。

——布兰登·洛里

我的父亲被诊断出癌症晚期时，我们家彻底崩溃了。这给我们敲响了警钟，迫使我们清醒地认识到，要把注意力转移到我们珍视的和应该优先考虑的东西上。通过提醒自己控制我能控制的，我明白了我不能决定别人如何看待我，只能决定自己的反应和感受。

——雅伊梅·莫斯凯托

不抱怨带来的好处是继续朝着这种生活方式努力的主要动力。威尔提出的问题"如果发泄愤怒让我们变得更快乐，那岂不是最常抱怨的人就是最快乐的人？"让我思考不抱怨的许多好处，以及它们该如何契合我的人生目标。

我的目标是要快乐。抱怨没有解决任何问题，反而制造了一个情绪的雪球，虽然这个雪球在一个星期或一个月的时间内显得微不足道，好像并不存在。

在很短的时间内，我清理了精神空间，有了一个更积极的视角。我希望自己能像鲍温先生一样，身边都是那些感到快乐、不爱抱怨的人。这个挑战并不容易，需要很强的自律能力，但我很高兴自己在为让生活变得积极努力。

——辛迪·罗德里格斯

作为人类，相比我们的抱怨，我们更容易注意到他人的抱怨。读完这本书后，我们会觉得其他人的抱怨变得比以前更突出了，我自己的抱怨也是如此。

通过在21天不抱怨挑战中慢慢进步，我渐渐养成了在说出抱怨的话之前就意识到的能力，这帮助我以一种不同的方式引导那些负能量。我发现我能够以更好的方式隔离抱怨并重新表达我的感受，这是非常有益的。在威尔概述的四个阶段中，我相信我已经进入了有意识的有能阶段，因为我在说话时表现得更加耐心，也更加小心了。

——瑞安·罗丝

《不抱怨的世界》教导读者如何保持客观，并帮助我们理解自己抱怨的根本原因，同时鼓励读者更加关注语言和思想在生活中的力量。开始这段旅程已经教会了我很多，而我到目前为止学到的最重要的是，我需要停止自我设限。此外，这本书还教会了我为什么我们会抱怨，以及为什么我们不应该抱怨。这敦促我制订一个个人行动计划，以此让我能够更关注自身的能量和我拥有的力量。

作为一名教授，我很感激威尔的书和不抱怨挑战，通过我的课程，它们对我的学生也产生了持久的积极影响，并将继续作为我未来课程的一个重要组成部分。

——克丽丝特尔·怀特黑德

莉娅·墨菲
"不抱怨的世界"业务经理

我和我的丈夫不久前在夏威夷度假。有一天晚上，我和他出去散步，我们手牵着手在街上漫步，谈论我们的生活和我们最爱彼此的地方。当我问他爱我什么，他回答："没有任何事能动摇你的积极乐观。"

"我认为你没有意识到你到底有多乐观，"他继续说，"无论发生什么，你都会寻找事情好的一面。如果空调坏了可我们没有钱修，你会说：'至少我们获得融资后知道往哪儿花。'当我们的航班被取消时，你会说：'至少我们在一起。'"

"你并不是不难过，你是会难过的。"他说着，捏了捏我的手，"但你看待事情不会以个人为中心，你总是会找到一些值得高兴的事情。"

我想这很合理，因为我爸爸是威尔·鲍温。2007年，他在我们的教会提出了不抱怨挑战，当时我只有9岁。

尽管教堂交谊厅里放手环的盒子从地板堆到了天花板，但我并不完全了解这次运动的规模。我只知道这对一个在夏天跟着爸爸去上班的无聊孩子来说是一个很棒的攀爬架。

我第一次意识到这个运动影响有多大，是中学时我们班集体旷课收看《奥普拉·温弗瑞秀》，就是希望能看上一眼我坐在前排，而我爸爸正接受采访时的情景。

不像这本书里记录的其他精彩的故事，我不是在某一天发现了不抱怨运动，然后它突然改变了我的生活。不抱怨运动在我很小的时候就把我塑造成今天的样子。

正因为如此,我发现自己很难写出不抱怨对我生活的改善,因为我没有可以比较的东西。从我记事起,这就一直是我生活的一部分。

但作为成年人,我开始看到我周围的人的生活比我要艰难得多,好像对他们来说,生活总是事事不如意。他们似乎对任何事情都从不快乐或满足,即使是去一个完美的热带天堂度假他们也会满怀焦虑,但我不会这样。

退一步说,我意识到我的生活和他们是一样的。我也经历过艰辛、挫折和困难,只是它们对我来说不像对大多数人来说那般重要。

对我来说,生活出了问题只是一个小插曲,我通常会找到另外一些值得感恩的东西。我不会把生活中的坏事放在心上,也不会像一些人那样,相信这个世界试图打垮他们。

成为一个不抱怨的人,我所感受到的快乐和平静是不可估量的,虽然这并不意味着我不会沮丧、焦虑或遇到困难,但我有能力处理遇到的任何事情。

我真的相信,一个人可以通过选择不抱怨来永远改变自己的生活。

你可以让现在的生活更轻松,人际关系更深入、更有意义，而且即使是在最困难的情况下，你也能找到一些值得感激的东西。

一切都取决于你。

结　语

择善而从

一棵葡萄树成熟了，另一棵也会跟着成熟。

——拉里·麦克默特里《孤独鸽》中哈特克里克公司的标语

多少人因为阅读一本书开始了他生活的新阶段。

——亨利·戴维·梭罗

你已经进入了人生的新阶段。

你从本书中学到的理念改变了你的认知，并为你揭示了那些也许你自己尚未觉察到的新的可能性。很有可能，你现在还没开始完全体会到这个过程为你生活的方方面面带来的提升。

如果你过去只关注生命中的阴霾，那么很快你就会看到藏在云朵后的明媚阳光。如果你过去壮志难酬、郁郁寡欢，那么很快你就会找到内心的平静与喜悦。如果你过去只能看到问题，那么很快你就会发现新的可能性。如果你过去人际关系一直不和谐，那么很快你就会体验到融洽的关系。

你播下了一粒种子。也许它现在看起来只是一颗小小的橡果，但它终将成长为高大健壮的橡树。

你的生活正在发生转变。

请允许我再说一次，只要你坚持下去，你就一定能成功做到不再抱怨。人是习惯的造物。用新的习惯替代旧习惯需要花上一段时间，习惯的养成需要日常行为的积累，就像一道道笔触总有一天会组合成一幅美丽的油画。

小时候，母亲给我讲过一个面包师傅、一个贪心的店老板和一个神秘陌生人的故事，这是我最爱听的故事之一。在这个故事里，陌生人来到小镇寻找食物和落脚过夜的地方。当他问起贪心的店老板与老板娘是否愿意收留他这个旅人时，老板与老板娘不屑一顾地回绝了。

然后，陌生人走进了镇上唯一一家面包店。店里的面包师傅身无分文，连烘焙原料都快用完了。然而，他邀请陌生人进来，并和他分享了简陋的一餐。当晚，面包师傅还让疲惫的旅行者睡在自己简朴的床上。第二天早晨，陌生人起来向面包师傅道谢，并对他说："今天早上你做的第一件事，你会一整天都做个不停。"

面包师傅不太明白陌生人的意思，也不愿深究。他决定为这位客人烤个蛋糕带在路上。他检查了一下所剩的材料，有两枚鸡蛋、一杯面粉、一些糖与香料。他开始烤蛋糕。令他惊讶的是，他用掉的材料越多，剩下的材料就越多——当他用掉最后两枚鸡蛋，原来放鸡蛋的地方却又多出了四枚鸡蛋；他翻转面粉袋抖出最后一把面粉，而当他把面粉袋放回地上时，袋子里竟又装满了面粉。遇到这天大的好运，他喜出望外，于是开始专心致志地烘烤各式各样的美味面包。很快，镇上四处飘散着烤面包、饼干、蛋糕与派的香味，购买面包的客人排起了长龙。

> 反复做的事造就了我们。优秀不是一种行为，而是一种习惯。
>
> ——威尔·杜兰特

当天晚上，贪心的店老板来到面包店，看到面包师傅疲倦却开心，赚了许多许多钱。店老板问："你今天怎么会有这么多顾客？好像镇上的每个人今天都买了你的面包，还有人买了不止一次。"面包师傅便将陌生人的事和陌生人在早上离开前送给他的神秘祝福告诉了店老板。

贪心的店老板与老板娘冲出了面包店，往镇外跑去找那位神秘旅行者，最后他们终于找到他们昨晚曾经拒绝帮助的那个陌生人。他们说："可敬的先生，请原谅我们昨晚的无礼。我们没有帮助你，一定是昏了头。请你回到我们家住一晚，让我们热诚地接待你。"陌生人一语不发，跟着他们回到了镇上。

他们回到店老板的家之后，陌生人享用了奢侈的餐食、上等的美酒与精致的甜点。然后，他被安排在一个豪华的房间过夜，床是用厚厚的、舒适的鹅绒做的。

次日早晨，陌生人即将离去时，店老板和老板娘雀跃地等待着他的神秘祝福。当然，陌生人对他们的接待表示感谢，然后说："今天早上你做的第一件事，你会一整天都做个不停。"

店老板与老板娘获得祝福后，急忙把陌生人送出门，然后穿戴好冲进自己的店里。因为相信会有大批顾客上门，老板拿起扫帚开始扫地，以应对突然到来的人流；为了确定有足够的零钱可以找钱，老板娘则开始在柜台数钱。

就这样，老板扫地，老板娘数钱；老板继续扫地，老板娘继续数钱。他们发觉自己根本停不下来，一直到太阳下山。即使真的有人进入商店买东西，他们还是不得不继续扫地和数钱，根本无法停下手中的活去招呼客人。

面包师傅和店老板得到了相同的祝福。面包师傅以积极、慷慨的心态开始一天的生活，也获得了相当丰厚的回报。店老板怀着负面、自私的想法开始一天的生活，结果毫无所获。而祝福是中性的。

> 悲观主义者抱怨风向，乐观主义者期待风向改变，现实主义者调节船帆。
>
> ——威廉·A.沃德

你创造生活的能力也是中性的，你怎么利用自己的能力，就会获得与之相应的结果。这个故事告诉我们，当我们无私慷慨地为别人着想，而不是出于一己私利而行事时，就能获得丰厚的回报。

此外，这个故事还有另一重重要寓意：你想如何度过一天，你就应以何种方式开始这一天。如果你现在还没有做到一整天不抱怨，那就看看早上起床后你能坚持多久不抱怨。如果每一天你都能够坚持得久一点、再久一点，坚持不说出第一句抱怨，你会发现自己在 21 天不抱怨挑战的旅途中进步得更快，并且感到更加轻松。

在电脑编程中有个缩略语叫"GIGO"，意思是"垃圾进，垃圾出"（Garbage In，Garbage Out）。如果电脑运转出现问题，一般来说是因为写入电脑的东西有问题：把"垃圾"代码、指令丢进去，出来的还是"垃圾"。电脑本身是中性的。

我们的生活与电脑一样，也是中性的。然而，我们经历的不是"垃圾进，垃圾出"，而是"垃圾出，垃圾进"。你说出的话带来的共振会为你吸引更多你刚才说的东西。当你抱怨，你其实是在发送垃圾，这也就难怪你会收到更多垃圾。你口中说出垃圾，意味着生活中会出现更多的垃圾！

所言决定所行。如果你谈论消极、不快的经历，你就会收到更多可供谈论的消极、不快的经历；谈论你欣赏、感恩的事物，你就会为自己吸引更多积极的事物。你有一套习惯的说话模式，这反映了你的思想，也创造了你的现实。不论你是否意识得到，每天你都为自己设定了路线，并且会坚持走在自己设定的路线上。

如果你想让世界变得更好，必须首先疗愈你自己不安的灵魂。改变言语能够帮助我们彻底改变思想，进而改变世界。当你停止抱怨，你便抹去了消极想法的出口，你的思想也会随之转变，然后变得更加快乐。

一旦你达成连续 21 天不抱怨的目标，你将不再是一个沉溺于抱怨的人，而是成为一个正从抱怨成瘾中康复的人。

不抱怨挑战很像一种匿名戒酒互助会。在比尔·威尔逊和医生鲍勃·史密斯创建匿名戒酒互助会之前，许多患有酒精成瘾疾病的人试图通过宗教和精神病学治疗来限制自己饮酒。不同的是，匿名戒酒互助会主张你应该首先停止喝酒，然后生活才会痊愈。同样，不要等到你的生活得到改善后才停止抱怨。停止抱怨，然后你的生活就会得到改善。

上帝赐予人类自由的条件是恒久的警惕。

——约翰·菲尔波特·柯伦

成功戒酒的人说，无论他们已经戒酒多长时间，只要和酗酒的人泡上一段时间，就又会开始喝酒了。如果你身边的人都在抱怨，保持警惕，不要加入其中，你甚至可能需要让自己从消极的人际关系中解脱出来。如果他们是你工作上的同事，就换个部门或换工作吧，你会获得助你走上积极的新道路的支持的。如果你的朋友经常抱怨，你可能会意识到自己已经不再是从前的自己，是时候寻找新的伙伴了。如果你与家人有这种消极的联系，尽量不要长时间与他们相处。

不要让消极的人夺走你想要的生活。培养一个习惯需要21天，但你也可能用21天就重拾旧习惯。所以要当心你周围的人，因为你可能会受到他们的影响，被引入歧途。好好照顾自己，同时要提防恶毒、爱抱怨的人。如果你不足够小心，就可能会被他们迷惑，重新陷入消极的泥潭。

正因为有了你和全世界几百万正移动着手环、坚持在不抱怨道路上前行的人，我有理由期待，整个世界的消极态度都会得到扭转。

有一天，我和一个人分享这一期待，他却对我说："对我来说，这听起来只是个无望的期待。"

无望的期待？让我讲一个关于"无望的期待"的故事吧。

故事始于2001年7月11日凌晨1点10分。我当时睡得正香，花了好几分钟才意识到床头的电话在响。我摸索着抓起电话听筒，把它凑近耳边，嘶哑着挤出一声微弱的回应："喂？"

"威尔吗？我是戴夫。"我的弟弟说道，"妈妈心脏病发作了，情况很糟。你最好过来，快点！"

我赶忙下床，收拾好行李，一路开了大概60千米来到堪萨斯城机场。我试着在飞机上打个盹儿，但是我太担心了，根本睡不着。当飞机抵达南卡罗来纳州哥伦比亚市后，戴夫来机场接我去医院。

在我们开车去医院的路上，戴夫告诉了我一些细节："昨晚差不多8点半时，母亲开始感到胸痛和背痛。她吃了点非处方止痛药，但是并没有奏效。他们把她送到了医院，当医生们意识到她是严重心脏病发作时，又用直升机把她送到了哥伦比亚市这边的心脏病专科医院。她现在醒了，但是非常痛苦。"

15分钟后，我和戴夫来到心脏重症监护室，找到母亲的病房，她正在我们的哥哥查克的帮助下坐在那里。她仍处在受惊的状态中，但是呼吸缓慢沉重。医护人员只让我们在一起待了几分钟时间，然后就要求我们离开，让母亲休息。

> 当一扇幸福之门关上了，另一扇门会为你打开；但我们总是死死盯着关上的那扇门，而没有发现早已为我们打开的另一扇门。
>
> ——海伦·凯勒

我们的母亲陷入沉睡，一直没有醒来。超声心动图显示，她的心脏病非常严重。一位医生说："就好比她的心脏的一大部分都爆裂了一样。"

此后几晚，我都住在医院的候诊室里，期待母亲能够重新恢复意识。每天晚上，我都会到她的病房查看几次，但是她一直昏迷不醒，只能靠呼吸机维持呼吸。

即使你从没接受过医疗训练，只要你花够多的时间陪护过病人、观察监护仪上的生命体征，当某些指标有所改善时，你也一定能够察觉到。一天早上，我注意到母亲的血氧量提高了，于是兴奋地将这一好消息告诉她的护士。

"你最好不要怀有这种无望的期待。"护士同情地冲我笑笑说。

那天下午，我离开医院去冲澡换衣服。回到医院时，我碰到一位大学的老同学，他现在是这家医院的资深心脏病医生。我让他看看母亲的病历，实话告诉我他的诊断。

过了一个小时，我拿着咖啡回来，发现我的朋友正坐在候诊室里，满面愁容。

他摇了摇头说："情况并不乐观。你母亲的心脏受损严重。我知道你可能不愿听这话，但现在看起来完全是在靠机器维持她的生命。"

我跌坐在椅子上，他关心地拍拍我的肩膀。我一边流泪一边结结巴巴地问："那就不能再做点什么了吗？她的生命体征呢？其中一些看上去有所改善。这不是好事吗？难道这不意味着她有可能康复吗?"

他捏捏我的肩膀,深吸一口气说:"没错,威尔,她的一些生命体征是有所改善,但很少,而且这并不能改变她心脏严重受损的现实。这么一点小小的改善是不够的。"

我的朋友停了一会儿,让我消化他说的话,继续说道:"此前,你问我觉得她康复的概率有多大,实话告诉你,看过她的病历以后,我觉得只有15%的希望。"

"好吧。"我说,"至少还有15%的希望,总比没有好,不是吗?"

他的目光由同情变为严厉:"威尔,抱有无望的期待只能让你在她无法康复时更为痛苦。我知道你不想这样,但是你得接受这个现实。"

我试着想要感谢他,但实在找不到合适的词句。我们匆匆拥抱了一下,他就回去工作了。我则安静地坐在那里,为母亲的病情感到难过。

当晚,我躺在候诊室的地板上难以入睡,想着曾经与母亲共度的美好时光。我想到,她也许无法亲眼看到自己的孙辈长大。我想到了所有还没来得及说的话。我的灵魂就像是一块黑板,而母亲突发的心脏病就像抓挠着黑板的手指甲,挠得我心里难受。

> 希望在于梦想，在于想象，在于让梦想成为现实的勇气。
>
> ——乔纳斯·索尔克

于是我穿着短袜溜进了母亲的病房，看看她的情况。呼吸机发出"嘶——呼——"声，使整个病房充满了工业感。我坐在母亲的病床边，握着她的手。我盯着监护仪，发现大部分生命指标都比今天早上有所改善，而且是改善了很多，不是一些。我向进来为母亲更换静滴葡萄糖的护士指出了这一点。

护士看了看监护仪，然后说："她的情况有所好转。"然后，又加了一句："但是别抱无望的期待。"

我气得发抖，松开母亲的手，转身一路跑回候诊室，打开灯，从日记本上撕下一页纸来，找了支笔在纸上写下大大的字。我一次次描画这些字母，想要把字描得越粗越好。然后，我走回母亲的病房，用医用胶带将纸粘在监护仪的下方。纸上写着："世界上根本就没有什么是无望的期待！"

"期待"一词的意思是"相信某事能够实现"。只要你满怀信心地相信自己的愿望能够达成，那么它就一定不会是无望的。

"无望的期待"一词本身就是矛盾的。

我的母亲后来确实去世了，但是在那次心脏病发的 10 年后。她又相对健康地活了10年。实际上,她心脏受损区域周围长出了新的血管,向她的心脏输送血液。我与我的家人都希望她能康复,并且坚信她确实正在康复,没有什么比这更有力的了。

加入我们,与我一起真心希望整个人类会不断远离恐惧和消极,走向自信和积极!你成为不抱怨的人,就是我们实现这一愿望的最重要的一步。当一个人改变,他还会影响周围很多的人。你的思想,你的行为,尤其是你的言语会感染他人,影响他人——永远不要忘记这一点。

拉里·麦克默特里的小说《孤独鸽》(*Lonesome Dove*)中,主角名叫吉斯·麦克雷,是个假装自己学问高深的牛仔。他在自己制服作坊的招牌底下刻了一句拉丁文格言——Uva Uvam Vivendo Varia Fit。

麦克默特里没有解释这句格言的意思,实际上他还把词拼错了——我想这是要故意显示这位牛仔的拉丁文有多差。正确的拼法应该是"Uva Uvam Videndo Varia Fit"。而这句话的意思是:一棵葡萄树成熟了,另一棵也会跟着成熟。

在葡萄园里,当一棵葡萄树开始成熟,便会散发出某种其他葡萄树也能接收到的共振、某种酶、某种香气或某种能量场。这棵葡萄树在向其他葡萄树示意:是时候改变、成熟了。

当你变得只展现自己和他人最美好的一面时,也是向周围所有人示意:是时候改变了。你甚至连试也不必试,就会唤起周围人的自觉。他们会受到你的影响,开始和你同步,关注进展顺利而不是出问题的地方。

> 除非有勇气离开岸边,否则你永远游不到彼岸。
> ——威廉·福克纳

同步是一股强而有力的力量。我想这也是人类喜欢拥抱的原因。当我们拥抱时,即使只是短暂的刹那,心与心也会紧紧相连。我们会提醒自己:地球上只有一种生命,一种我们共享的生命。

如果我们不去刻意选择自己要过什么样的人生,就会随波逐流,过着和大部分人一样的生活。我们不仅没有成为人群中的引路者,反倒被人群裹挟着前进。人类是群居动物。我们常跟着其他人亦步亦趋,自己却浑然不觉。

我父亲年轻时经营我祖父名下的一家汽车旅馆。旅馆的对面是一家二手车行,而我父亲设法和车行老板达成了一项协议。若汽车旅馆晚上的生意很冷清,我父亲就会去车行,把十几辆车移到旅馆的停车场。不用多久,汽车旅馆就会住满旅客。由于人类共通的从众心理，经过汽车旅馆的人会认为，如果停车场空荡荡的，那这家旅馆一定不太好。但要是停车场停满了车，经过的人就会觉得这是适合住宿的好地方。

一犬吠影，百犬吠声。

——中国谚语

我们都会跟着别人走。而现在，你已经成为一个正领导世界走向和平、理解和共同富裕的引导者了。

我仍住在密苏里州时，有一天晚上，我被我们牧场上嗥叫的土狼叫醒。刚开始的嗥叫声来自一只小狼，然后扩散至整群土狼。很快，就连我们的两只狗也加入了嗥叫的行列。不久，我们邻居的狗也开始嗥叫。最后，嗥叫声从四面八方传来，传遍山谷，附近的狗都加入了。没一会儿，我能听见从几英里外的各处传来的嗥叫声。这些土狼制造了一圈会蔓延的涟漪。而这一切皆始于一只小土狼。

你是谁会对你的世界产生影响。在过去，你的影响可能是负面的，因为你有抱怨的倾向。然而，现在，你正在为所有人创造乐观和更美好的世界。你是茫茫人海中的一圈积极的涟漪，正向全世界蔓延。

致　谢

感谢玛雅·安杰卢博士的善意、灵感和智慧。

感谢埃德韦娜·盖恩斯，她首先提出这个想法，通过连续 21 天一句也不抱怨，激励人们打破抱怨的习惯。

感谢罗宾·科瓦尔斯基博士，他的研究为不抱怨的生活方式提供了科学背景。

感谢 Level 5 传媒的史蒂夫·汉泽尔曼，他是我的文学经纪人，也是近 20 年的朋友。

感谢世界各地近 40 家出版商，他们看到了本书的潜力，并把它译成几十种语言，带到了自己的国家。

感谢企鹅兰登书屋一直以来的信赖和支持。

最重要的是，感谢你们，亲爱的读者，向新的生活范式持开放态度，帮助人们唤醒我们的世界。

译后记

汤皓云

上海市精神卫生中心医师、上海交通大学医学院博士

能够作为《不抱怨的世界》的译者，我非常荣幸。这本书与我有着不浅的缘分，不如就借此机会聊聊我自己的经历吧。

小学时，从某个暑托班的书架上，我拿下了一本看起来最崭新的书，正是《不抱怨的世界》。能记得如此清晰，大概是因为人类普遍的"消极偏向"。和我期望的不同，那本书没有配套的紫色手环，我失望、无所适从，于是拉着小脸，一个人

抱着书缩进教室的角落，所有人尝试与我沟通，我都一概不理。年幼时我对环境的变化很难适应，和同龄人相处不好，成绩垫底，父母也很认同老师对我的评价："只会瞪着眼睛看别人，但眼里只有自己的小世界，不太机灵。"现在回想起来，当时我的状态大概可以归于有意识的无能阶段。我太容易因为自己无法掌控的事情而感到挫败、无助，又害怕事态进一步失控，所以拒绝所有试图给我帮助的人。我从没将抱怨说出口（因为几乎不说话），但负面的"抱怨"气场总是不受控地爆发，不断对我和身边的人造成伤害。

《不抱怨的世界》成为我生命中非常重要的转折点。也许对一个孩子来说，要跟上威尔·鲍温先生的思路有些困难，但书中有很多生动的故事，都是他自己的亲身经历、他的感悟和他提炼出来的秘诀，是孩子也能感同身受和模仿的榜样，这让我在语言、思想和行为上发生了天翻地覆的变化。一个场景如今仍时不时在我脑中重现，这也是对我的变化最有力的肯定——我最好的朋友充满希冀地看着我说："你从来没有抱怨什么，你总是有办法的……我们现在能做什么呀？"

从此，我便坚信自己手中已经握有幸福的钥匙。第一次读《不抱怨的世界》，它为我埋下一粒"习惯"的种子；而这个场景，将是我永远佩戴的"紫色手环"。

我始终没有戴上实实在在的紫色手环，没有特意加入不抱怨挑战，此后也没有再读过这本书。十几年过后，我走上了临床医学的道路，选择成为一名精神科医生，获得了翻译《不抱怨的世界》的机会。我不再像迷茫的孩子那样希望直接在书中找到答案，此时的我能以更加成熟的思维，字字句句反复斟酌，再次成为威尔先生最专注的倾听者，并试图将他的意思真实地传达出来。

整个翻译过程也是对我的来路的一次复盘。或许这本书在冥冥之中指引我选择了医学，而在医学路上的见闻也让我能给"不抱怨"和"幸福"一种独特的诠释。以医生的视角，患者深受病痛折磨，抱怨当然情有可原，但患者、他的家人和照护者们都会因此走不出灰暗的阴霾，即使真的消除了病痛，也会留下杯弓蛇影的心理。反观不抱怨的患者，正如我们常常说的"乐观心态战胜病魔"，我亲眼见过不抱怨的患者的治疗效果出乎意料的例子。当然，我不敢断言其中是否有必然联系，但他们在不幸中抓住幸运，坚定守护当下的美好，因此展现出超出预期的坚韧生命力，甚至"幸运"地获得有效的治疗，有什么奇怪的呢？他们的不抱怨让自己心怀希望，使家庭紧紧团结，更让医生们有了精勤不倦的动力和信念。用法国作家乔治·桑的话说:"幸福在于自知拥有幸福。"我想,当他们的故事被讲述出来,所有听到的人都会有所触动,并被点醒——自己是多么幸福!

如今,我重新审视自己,才发现当年那粒"习惯"的种子竟生根发芽,承载起我的个人成长。也得益于"紫色手环"的时刻警醒,现在我的所言、所思、所为应该处于有意识的有能阶段了。我习惯性地自省、换位思考,基本能做到"言无有善恶,得乎吾心而言";我维持着稳定的人际关系,遇事则冷静地寻找解决办法。

最后,希望我的真实感受能够让你们觉得这本书值得花时间读读看。我可以很确信地说,这本书的价值绝不是在某种特定情境下指导你如何行动,正如书中鲍温先生说:"我并不是要告诉你或别人应该做什么……这是你的选择。"其真正的价值在于,无论你身处幸福中,还是心怀缺憾,关于自身、关于周围的一切,这本书都能如同一面明镜,将一切如实地呈现。难道你不想知道,自己是不是个经常抱怨的人?不想看看,这个世界有你不曾留意的一面,你有无限的潜能,而如果你做到不抱怨,生活会如何回馈?如果你觉得现在加入不抱怨运动太有压力,没关系,继续读吧!也许你会像我一样,在往后人生中的某一刻忽然发现,自己已经自觉地很少抱怨，在日积月累的学习和实践中，已经到达了更高的人生境界。

不怨天，不尤人，下学而上达。现在就开始吧！